职业教育无人机应用技术专业系列教材

U0261724

UAV STRUCTURE AND SYSTEM

无人机
结构与系统

冯登超　主　编

臧红伟　副主编

张月新　主　审

化学工业出版社

·北京·

内 容 简 介

本书是职业教育无人机应用技术专业系列教材。本书分为5章，分别是：飞行原理、无人机结构、无人机动力系统、无人机航电系统、无人机常规载荷系统。全书图文并茂，知识介绍循序渐进，技能培养以实用为主，结合《无人机检测与维护职业技能等级标准》相关内容指导学生在熟知无人机结构和系统基本知识的基础上，进一步增强无人机检测与维修相关职业技能，为后续相关操作课程奠定基础。

本书配有电子课件、课程导读、习题答案等教学资源。课程导读以二维码形式呈现，扫描即可查看；电子课件可在化工教育网站上免费下载。

本书适合作为职业院校无人机应用技术专业的教材，也可以供无人机培训机构的培训学员、无人机爱好者和无人机工程应用人员参考使用。

图书在版编目（CIP）数据

无人机结构与系统/冯登超主编；臧红伟副主编. ——
北京：化学工业出版社，2023.4
职业教育无人机应用技术专业系列教材
ISBN 978-7-122-43007-6

Ⅰ.①无… Ⅱ.①冯… ②臧… Ⅲ.①无人驾驶飞
机-结构-职业教育-教材②无人驾驶飞机-飞机系统-职业
教育-教材 Ⅳ.①V279

中国国家版本馆 CIP 数据核字（2023）第 036837 号

责任编辑：葛瑞祎   文字编辑：张钰卿   王 硕
责任校对：边 涛   装帧设计：史利平

出版发行：化学工业出版社（北京市东城区青年湖南街 13 号 邮政编码 100011）
印 装：三河市延风印装有限公司
787mm×1092mm 1/16 印张 8 字数 185 千字 2023 年 5 月北京第 1 版第 1 次印刷

购书咨询：010-64518888   售后服务：010-64518899
网 址：http://www.cip.com.cn
凡购买本书，如有缺损质量问题，本社销售中心负责调换。

定 价：29.00 元

前 言

　　教材是育人载体。在职业教育无人机应用技术专业系列教材编写中，探索专业转变发展理念、深化课程改革、优化工学结合发展路径，是培养适合岗位需求、吻合自身追求、契合社会要求的高素质无人机应用技术与技能专业人才的基石。

　　本书针对职业教育无人机应用技术专业培养目标，围绕无人机结构与系统的知识与技能要求，结合新职业"无人机装调检修工"的定义及工作任务，坚持"必需、够用"的原则进行编写。为了满足无人机检测与维护职业需求和改善基层专业技能人员短缺的就业现状，教材的章节安排从强化操作技能、掌握实用技术的角度出发，教学内容紧扣职业标准，系统介绍了无人机结构与系统的实用知识和操作技能，对于提高无人机检测与维修从业人员的职业素养、发挥无人机的社会服务职能，具有帮助和指导作用。

　　本书共5章，主要内容包括飞行原理、无人机结构、无人机动力系统、无人机航电系统、无人机常规载荷系统。通过学习，读者能够尽快入门并掌握无人机结构与系统的相关知识，进而使自己适应军事、警务、物流、测绘、安保等多个无人机应用职业岗位的需要。

　　本书由冯登超任主编，臧红伟任副主编，张月新主审。冯登超设计大纲并统稿。具体分工如下：第1章由天津现代职业技术学院张月新、山东警察学院冯登超编写，第2章由辽宁农业职业技术学院李媛、中国刑事警察学院孙鹏编写，第3章由锡林郭勒职业学院纪宪金、山东省淄博人民警察训练基地车颖编写，第4章由北京电子科技职业学院王琳娜、云南警官学院刘杰编写，第5章由天津现代职业技术学院李柯言、天津市公安局特警总队臧红伟编写。

　　在教材编写过程中，天津市公安局特警总队杨军、中国人民公安大学张刘玉、浙江省公安厅巡特警总队王一峰、航天神舟飞行器有限公司丁岩晓参与了资料收集和图片整理工作。感谢所有参编人员的辛勤劳动。

　　由于时间有限，加之无人机应用产业发展变化迅速，书中难免存在疏漏或不足之处，敬请广大读者批评指正。

编　者

2023 年 1 月

目录

第 <big>**1**</big> 章

飞行原理

【学习目标】

① 了解大气特性，掌握升力与阻力的基本概念；

② 掌握常见无人机的机翼外形参数和几何特性；

③ 理解无人机的平衡、安定性和操纵性；

④ 激发探寻知识的热情，具备严谨认真、勇于进取的创新精神。

课程导读

<big>**1.1**</big> 大气特性

1.1.1 空气的基本性质

(1) 空气的状态参数及关系

空气的密度、温度和压强是说明空气状态的主要参数，它们三者之间又是相互影响的关系，可以用下面的关系式表示它们的规律：

$$p = \rho R T \tag{1.1}$$

式中，p 为空气压强，Pa；ρ 为空气密度，kg/m^3；R 为气体常数，287.05J/(kg·K)；T 为空气的绝对温度，K。

凡变化规律符合上式的气体均称为理想气体。

(2) 空气的可压缩性

可压缩性是空气的重要属性，它说明当一定量的空气在所受的压力发生变化时，其体积或密度随之变化的程度。例如，按压一个充满空气的气球，就可以把它压瘪，其体积改变了，密度自然也随之发生变化。空气的密度可以随体积变化而变化的特性叫作空气的可压缩性。

空气密度变化的程度可以用空气密度变化的百分比（$\Delta\rho/\rho$）×100% 表示，$\Delta\rho$ 是空气密度的变化量，ρ 是空气原来的密度。表 1.1 列出了在标准大气条件下，不同飞行速度时机翼前缘驻点（在这一点，气流的速度为 0）空气密度增加的百分比。

表 1.1 不同速度下空气密度增加的百分比

飞行速度/(km/h)	200	400	600	800	1000	1200
空气密度增加的百分比[$(\Delta\rho/\rho)\times100\%$]/%	1.3	5.3	12.2	22.3	45.8	56.5

从表 1.1 中可知，在飞行速度大于 400km/h 的高速飞行中，空气的密度变化很大；而在飞行速度不超过 360～400km/h 的低速飞行中，空气密度的变化程度是很微小的，因此在低速飞行中，可视空气为不可压缩气体。

(3) 空气的黏性

由物理学知道，流动中的气体，如果各气体层的流速不相等，在相邻的两个气体层之间的接触面上，就会形成一对等值而方向相反的内摩擦阻力，阻碍两气体层做相对运动。气体的这种性质叫黏滞性或简称为黏性。空气也具有上述气体的黏性。

对于气体来说，其黏性系数是很小的，所产生的黏性力也是很小的。如果把气体所产生的黏性力忽略不计，把流动的气体看成一种无黏性的理想流体，那么对以后分析研究无人机在空气中飞行时的受力将有很大的帮助。

1.1.2　国际标准大气

因为重力关系而围绕在地球表面的一层混合气体，叫作大气层。这些混合气体被称为空气。当前，主流的各种无人机是在大气层中飞行。一切以空气中的氧气作为氧化剂进行燃料燃烧的发动机都只能在大气层中工作，因而大气的情况对于无人机和发动机的研究是十分重要的。大气的情况十分复杂，这里只简单地介绍与研究无人机和发动机相关的问题。

(1) 大气分层

由于地心引力的作用，靠近地面的空气比较稠密，离地面越远，空气就越稀薄，最后逐渐过渡到宇宙空间。根据人造卫星的探测资料，大气层的厚度为 2000～3000km。大气层内部的情况随高度不同而异，通常把它分成几层研究。最靠近地面的一层（高度在 0～11km）是对流层；高度在 11～55km 为同温层，也叫平流层；高度在 55～85km 之间为中间层；由 85km 一直延伸到 800km 处的高空是电离层；高度超过 800km 是大气外层，大气外层是过渡到宇宙空间的区域。

目前大多数的无人机只能在对流层中飞行。因此，下面主要介绍对流层。

对流层占据了大气的大部分质量（约占 3/4），这一层空气受地面的热量和地形不平等因素的影响，处于不断运动的状态，风向、风速经常变化，同时还发生风、雨、雪、雷、电等天气现象；空气密度、压力、温度等参数均不断改变，且随高度的增加而减少。对流层的平均高度为 11km。

(2) 国际标准大气规定

大气的密度、温度、压力等参数会随地理位置、离地面的高度、季节的昼夜长度等因素的不同而不同，这就使得世界各地的大气参数相互之间存在差别。为了提供一个研究空气动力的统一标准，便于相互交流，国际航空界共同规定了一种国际标准大气，简称标准大气。国际标准大气主要按照中纬度地区各季节中大气的平均值而定。对流层中对应高度与大气温度的关系如下：

$$T=288.2-0.0065H \tag{1.2}$$

式中，H 为高度，m；T 为对流层中对应高度 H 上的大气温度，K。

根据上述规定，并进行一些相应的理论计算，就可以确定对流层中各高度上的标准大气参数值，如表 1.2 所示。

表 1.2　对流层标准大气参数值

H(高度)/m	T(温度)/K	p(压力)/Pa	ρ(密度)/(kg/m³)	a(声速)/(m/s)
0	288.2	1.01330×10^5	1.225	340.3
1000	281.7	0.89876×10^5	1.111	336.4
2000	275.2	0.79501×10^5	1.007	332.5
3000	268.7	0.70121×10^5	0.9093	328.5
4000	262.2	0.61660×10^5	0.8194	324.6
5000	255.7	0.54048×10^5	0.7364	320.5
6000	249.2	0.47218×10^5	0.6601	316.5
7000	242.7	0.41105×10^5	0.5900	312.3
8000	236.2	0.35652×10^5	0.5258	308.1
9000	229.7	0.30801×10^5	0.4671	303.8
10000	223.3	0.26500×10^5	0.4135	299.5
11000	216.7	0.22700×10^5	0.3648	295.1

1.1.3　气流特性

无人机的飞行过程，就是无人机与空气之间形成相对运动的过程。因此，应该首先了解一下气流的特性。

(1) 流速与横截面之间的关系

为了说明气流速度与横截面之间的关系，可以研究气流流过一个具有不同横截面积的管道的情况。质量守恒定律是自然界最基本的定律之一，它说明物质既不会消失，也不会凭空增加。如果把这个定律应用在上述管道的流动中，那么可以这样说，单位时间内流过横截面 Ⅰ 的气体质量应等于同一时间内流过横截面 Ⅱ 的气体质量（假定气流在管道的管壁处没有流进或流出），如图 1.1 所示。

流速与横截面的关系如下：

$$vA=常数 \tag{1.3}$$

式中，v 为流管截面处的气流速度，m/s；A 为所取截面的面积，m²。

式 (1.3) 方程称为连续方程，它说明了气流速度与流管横截面积之间的关系。当不考虑气体密度的变化时，气流速度的大小与流管的横截面积成反比，即截面积小的地方流速快，而截面积大的地方流速慢。

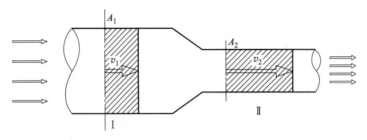

图 1.1 流速与截面

(2) 流速与压强的关系

我们先做一个实验（图 1.2）。在实验架上有两张平行的纸片，如果向两张纸片中间吹气，结果会怎么样呢？也许有人认为两张纸片会分开，实际却不然，这两张纸片越吹越靠拢。这说明，当对着两张纸片中间吹气时，作用在纸片外侧的压强比纸片内侧的压强大，使两张纸片之间产生了向一起靠拢的力。由此可见：流速大的地方，气流压强就小；流速小的地方，气流压强就大；气体不流动的地方压强最大。怎样来解释上面的这种现象呢？

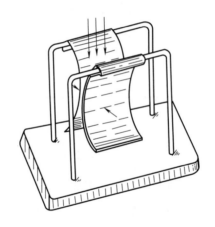

图 1.2 流速与压强实验

空气流动时，所有在流动方向上的气体分子都具有流动速度。垂直于气体流动方向的物体会受到空气分子较大的冲击，说明流动的空气分子具有做功的能力。这种能力被称为气流的动压强（或叫动压），其大小与空气密度和运动速度有关，即 $(1/2)\rho v^2$。除了动压强外，气体分子还具有对平行于气流方向的物体表面做功的能力。这种能力是一种势能，通常称之为静压强（或叫静压）。在流动的气流中，既具有动压强，又有静压强，两者的总和被称为总压强（或总压），即：静压＋动压＝总压（常量）。

如果用公式表示，就是伯努利定理，即：

$$p+(1/2)\rho v^2 = p_0 (常量) \tag{1.4}$$

式中，p 为静压强；$(1/2)\rho v^2$ 为动压强；p_0 为总压强。

可见，在总压强一定的条件下，当气流速度加快时，动压增大，静压就必然减小；而当空气流速减慢时，动压相应减小，静压就必然增大。

1.2 升力与阻力

　　无人机是重于空气的物体，那么它们为什么能够在空中自由飞行而不会掉下来呢？这主要是空气动力对无人机作用的结果。空气动力主要指流动的空气作用在无人机上的升力和阻力。

1.2.1　机翼的外形参数

　　当无人机在空中飞行时，其升力主要由作用在无人机机翼上的空气动力产生，而机翼上的空气动力的大小和方向，又主要决定于机翼的翼型和几何特性。因此在研究作用在无人机上的空气动力之前，首先介绍机翼的翼型和几何特性。

(1) 机翼的翼型

　　机翼横切面的外形被称为机翼的翼型。常用的翼型有平凸型、双凸型和对称型等（图1.3）。用于确定翼型的主要几何参数有：弦长、相对厚度、最大厚度位置和相对弯度等。

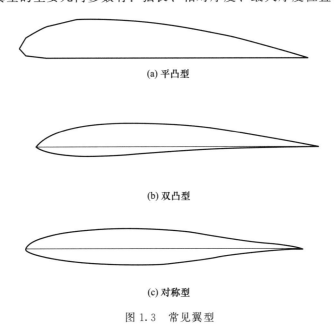

(a) 平凸型

(b) 双凸型

(c) 对称型

图1.3　常见翼型

(2) 翼型的几何参数

　　① 弦长。从翼前缘到后缘之间的直线叫弦线，其长度称为弦长，通常用符号 b 表示。弦长如图1.4所示。

　　② 相对厚度。垂直于弦线的翼型上下表面之间的直线长度叫翼型的厚度，翼型最大厚度 $C_{\max}$ 与最大弦长之比称为翼型的相对厚度，用符号 C' 表示。即：

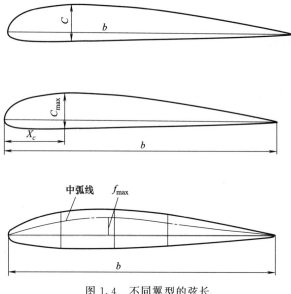

图 1.4　不同翼型的弦长

$$C' = (C_{max}/b) \times 100\%$$ (1.5)

③ 最大厚度位置。翼型最大厚度处离开前缘的距离被称为最大厚度位置，用符号 X_c 表示，通常也用其除以弦长的百分数表示。即：

$$X_c' = (X_c/b) \times 100\%$$ (1.6)

④ 相对弯度。翼型弯度是指翼型中弧线的弯度，而翼型中弧线指的是各翼型厚度中点的连线。翼型中弧线与翼弦之间的垂直距离叫翼型的弯度，用符号 f 表示；而最大弯度（f_{max}）与弦长之间的比值，称为相对弯度，用符号 F 表示。即：

$$F = (f_{max}/b) \times 100\%$$ (1.7)

⑤ 安装角。翼型弦线和无人机纵轴线之间的夹角叫安装角，用符号 Φ 表示。

1.2.2　机翼的几何特性

机翼的几何特性包括机翼的平面形状和前视形状。按照平面形状的不同，机翼可分为长方形机翼、梯形机翼、后掠机翼和三角形机翼等，如图1.5所示。前两种形状主要用于低速无人机，而后两种形状主要用于高速无人机。

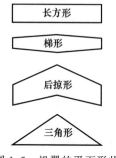

图 1.5　机翼的平面形状

无人机左右对称平面的垂直线与机翼翼弦平面之间的夹角被称为机翼的上反角，用符号 ψ 表示。机翼的前视形状通常用机翼的上反角来说明。

(1) 升力

无人机的升力主要靠机翼来产生，如果从机翼上单独取出一个剖面（即翼型）放在烟风洞中观察气流流过它的情况，将会看到这样的现象：从前方来的气流到达翼剖面前缘后分成上、下两股，分别沿着机翼上、下面流动，到后缘处又重新汇合，并平滑地向后流去。

由图 1.6 可知，在翼剖面前方的气流与翼剖面后缘之后的气流原本是一个整体，只是插入这段翼剖面后才使这部分气流分成上、下两股。在翼剖面前缘附近，气流分成上、下两股的那一点的气流速度为 0，静压达到最大值。这个点在空气动力学上称为"驻点"。

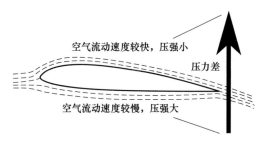

图 1.6　升力示意图

对于上、下弧面不对称的翼剖面来说，这个驻点通常在翼剖面的下表面。在驻点处气流分叉后，上面的那股气流不得不先要绕过前缘，所以它需要以更快的速度流过上表面，才能最终与流过下表面的气流同时到达后缘点。这样，流过上表面的气流速度大，流过下表面的气流速度小。

根据伯努利定理，气流的流速越大，静压越小。机翼上、下表面之间就形成了压力差（上表面所受压力小于下表面所受压力）。上、下表面之间的压力差的产生就使得机翼产生了升力，其压差越大，产生的升力就越大。

利用伯努利定理来解释为什么会产生升力是十分方便的。但要对升力做具体计算时，伯努利定理就无能为力了，这就要通过风洞实验以及其他实验才能得出机翼产生升力大小的计算公式。其公式如下：

$$Y_{升力} = (1/2)\rho v^2 S C_Y \tag{1.8}$$

式中，ρ 为空气密度，kg/m^3；v 为机翼与气流的相对速度，m/s；S 为机翼的面积，m^2；C_Y 为机翼的升力系数。

从式（1.8）中可知，机翼产生的升力与空气密度、飞行速度、机翼面积以及升力系数有关。其中，机翼的升力系数是随着翼型及气流与机翼形成的角度（即迎角）的变化而变化。当机翼翼型一定时，升力系数就只与迎角有关，如果知道了无人机机翼的迎角，就可通过无人机的升力系数与迎角的关系曲线图得到无人机的升力曲线值。

从升力曲线图（图 1.7）中可以看出，一般上、下不对称的翼型在迎角 α 等于 0°时仍产生一定的升力，因此，升力系数在 0°迎角时的值不为 0，这时的迎角被称为零升迎角 α_0。从这个迎角开始，迎角与升力系数成正比，升力曲线成为一条向上的斜线。当迎角加大到一定

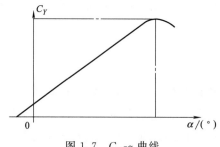

图 1.7 C_Y-α 曲线

程度后，升力系数便开始随迎角的加大而减小。升力系数达到最大值时的迎角被称为临界迎角，这时的升力系数为最大升力系数，用符号 $C_{Y\max}$ 表示。

无人机飞行时，如果迎角超过临界迎角，升力便会突然减小，无人机就有下坠的危险，这种情况被称为"失速"。

(2) 阻力

阻力也是空气动力中的一种。只要物体与空气做相对运动，不管它会不会产生升力，却总会产生阻力。对低速无人机的飞行而言，它与空气做相对运动时所产生的阻力主要有摩擦阻力、压差阻力和诱导阻力。

① 摩擦阻力。在日常生活中，摩擦阻力随处可见。如：当我们沿地面推动一件重物时，地面很光滑，那么推动重物所需要的力就小；反之若地面很粗糙，推动重物就要花费很大的力。我们常常称前一种情况为摩擦阻力小，而后一种情况为摩擦阻力大。无人机在空气中做相对运动时（无人机飞行）也是如此。由于空气有黏性，贴近无人机表面的一层空气，其流动速度就会减慢，速度慢的空气对无人机表面就产生了反作用力，阻碍无人机的前进，于是就形成了摩擦阻力。无人机表面越粗糙，贴近无人机表面的空气减速越大，其产生的摩擦阻力也就越大。

② 压差阻力。压差阻力是伴随着升力的产生而产生的。当无人机的迎角能够产生升力时，升力只是气动合力 R 在竖直方向上的一个分力 Y，而气动合力 R 的方向是垂直于翼弦 b 的，因此它也必将产生一个与气流方向相同的分力 X，这一分力和升力一样，都是由于压力差而产生的，同时它又是阻碍无人机前进的力，因此把它称为压差阻力，如图 1.8 所示。

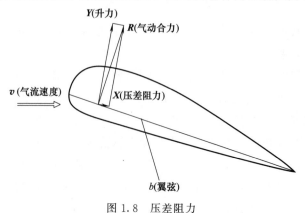

图 1.8 压差阻力

③ 诱导阻力。诱导阻力也是伴随着升力而产生的一种阻力。只要有升力就会有这种阻力，这是什么原因呢？这是因为机翼的长度很长，但毕竟是有限的；在机翼翼尖处，处于下翼面的空气静压大，气流自然会绕过翼尖向静压小的上翼面流动；于是，在翼尖处形成了一股涡流，它改变了翼尖附近流过机翼的气流方向，引起了附加阻力，这便是诱导阻力。诱导阻力与升力同时产生，机翼产生的升力越大，这种阻力也就越大。为了减小诱导阻力，一般采用椭圆形或梯形的机翼平面形状。

④ 阻力计算公式。计算无人机阻力所用的公式与计算升力的公式相类似。无人机的阻力也是与空气密度、相对气流速度、无人机表面积和阻力系数有关，其公式为：

$$X = (1/2)\rho v^2 S C_X \tag{1.9}$$

式中，X 为阻力，N；ρ 为空气密度，kg/m^3；v 为相对速度，m/s；S 为无人机表面积，m^2；C_X 为无人机的阻力系数。

1.3 无人机的平衡、安定性和操纵性

1.3.1 无人机的平衡

无人机飞行时，所有用于无人机的外力与外力矩之和都等于 0 的状态称为无人机的平衡状态。在水平方向上的等速直线运动（即平飞）是无人机的一种平衡状态。

为了研究无人机的运动，可以假设通过无人机重心有三个相互垂直的轴，这三个轴分别为立轴、横轴和纵轴，如图 1.9 所示。无人机的任何姿态变化都可以认为是绕这三个轴转动的结果。绕立轴转动称为转弯，绕横轴转动称为俯仰，绕纵轴转动称为侧滚。

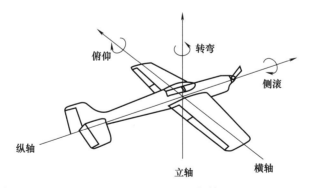

图 1.9　无人机的坐标轴

无人机的运动分为纵向运动、横向运动和航向运动。因此，无人机的平衡问题也可归为纵向平衡、横向平衡和航向平衡问题。

(1) 纵向平衡

无人机做等速直线飞行时，不围绕横轴转动的飞行状态称为纵向平衡。当无人机达到纵

向平衡时，其上仰力矩必须等于下俯力矩。

(2) 横向平衡

无人机做等速直线飞行时，不围绕纵轴转动的飞行状态称为横向平衡。当无人机达到横向平衡时，其左倾力矩总和应等于右倾力矩总和。

(3) 航向平衡

无人机做等速直线飞行时，不围绕立轴转动的飞行状态称为航向平衡。为了使无人机保持航向平衡，就必须使无人机的左转航向力矩总和等于右转航向力矩总和。

一般来说，无人机的横向平衡与航向平衡有着紧密的关系：当航向平衡被破坏时，横向平衡也就不能保持；反过来，当横向平衡遭到破坏时，航向平衡也就同时被破坏。因此，通常把这两种平衡合在一起，称为无人机的侧向平衡。

无人机飞行中出现最多的平衡状态就是水平方向上的等速直线运动（即平飞）。要保持这种平衡状态，无人机就必须同时保持纵向、横向和航向平衡，如图 1.10 所示。此时，无人机就只受推力、阻力、升力和重力的作用，而这些力又都是两两方向相反、大小相等的。

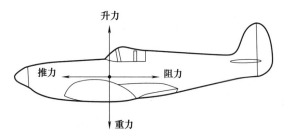

图 1.10　无人机的推力、阻力、升力、重力示意图

1.3.2　无人机的安定性

无人机在飞行中，由于受外界的瞬时微小扰动而偏离了平衡状态，随后能够自动地恢复到原先的平衡状态，称这种能力为无人机的安定性。根据无人机受扰动后偏离原飞行状态的方式不同，其安定性可分为俯仰安定性、方向安定性和横向安定性。

(1) 俯仰安定性

当无人机在飞行中因扰动而出现抬头或低头时，无人机能自动恢复到原飞行状态的能力称为俯仰安定性。

无人机的力矩特性是影响无人机飞行稳定性的重要因素。在纵向，无人机上有一个升力增量的作用点，我们给它一个特定的名称：焦点。在低速飞行的过程中，焦点的位置变化很小，这样我们可以分析出焦点和重心相对位置不同时的飞行稳定性。重心位于焦点之前时，如果外界有一股扰流使飞行的攻角增大，无人机升力增加，增加的升力作用在焦点上，它对重心产生一个低头力矩,这个力矩的效果是让无人机低头。也就是说,它的效果是减小攻角,此时无人机具有抗外界干扰的能力。如果重心位于焦点之后,也可以分析出,当外界有一股扰流使飞行的攻角增大,无人机升力增加,增加的升力作用在焦点上,它对重心产生一个抬头力矩。该力矩的效果是让无人机抬头,也就是说它的效果是增加攻角,这是发散的,此时无人机没有抗外界干扰的能力。

① 有水平尾翼无人机的俯仰安定性

有水平尾翼(平尾)的无人机的俯仰安定性是通过水平尾翼实现的。当无人机因扰动而抬头时,平尾的迎角随之增大,因而就产生了向上的升力,使无人机产生一个低头力矩,从而阻止无人机的抬头。当无人机恢复到原飞行状态后,平尾的迎角又等于 0,其低头力矩也随之消失。反之,当无人机因扰动而低头时,平尾就会产生一个使无人机抬头的力矩,从而使无人机达到恢复原飞行状态的目的。

② 无尾翼无人机的俯仰安定性

无尾的飞翼式无人机要能正常飞行,必须使重心在机翼焦点前面。同时使机翼后缘上翘(或采用 S 翼型),如图 1.11 所示。

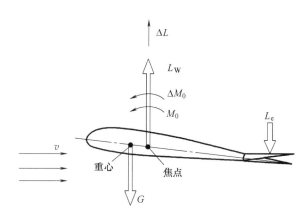

图 1.11　无尾翼无人机的俯仰安定性

当机翼迎角增加,升力的增量 ΔL 使机翼产生附加低头力矩,结果自动减小迎角,使无人机具有稳定性。另一方面,后缘上翘后,作用在舵上的空气动力(L_e)对无人机重心的力矩可以和升力对重心的力矩相互平衡。S 翼型的焦点力矩是正值,即其方向与一般翼型相反,所以无尾无人机多采用这类翼型,以达到既平衡又稳定的要求。

由于机翼后缘与无人机重心的距离比一般的水平尾翼到重心的距离小很多,所以用来平衡升力对重心的力矩所必需的后缘舵面空气动力比较大。这个力是向下的,使整架无人机的有效升力下降,从而使整架无人机的升阻比下降,S 翼型也有类似的缺点。

(2) 方向安定性

在无人机飞行中,因受到外界微小扰动而使无人机的方向向左或向右偏离时,无人机能自动恢复原航向的能力被称为无人机的方向安定性(也叫航向安定性)。无人机的方向安定性是由无人机的垂直尾翼(垂尾)实现的。

当无人机受到干扰后向左偏航时,无人机的垂尾在气流的作用下就会产生一个向左的侧向力，该力产生的力矩就迫使无人机恢复到原来的飞行状态。同理，当无人机向右偏航时，垂尾将产生一个向右的侧向力，侧向力矩同样迫使无人机恢复到原飞行状态。

（3）横向安定性

在无人机飞行中，因扰动而出现左、右侧滑时，无人机能自动恢复到原飞行状态的能力被称为无人机的横向安定性。无人机的横向安定性是通过左、右机翼来实现的。

当无人机因干扰出现左侧滑时，相当于有一股左下方的相对气流吹到机翼上，由于机翼上反角的存在，这股气流对两边机翼所起的作用就不大相同，在左、右机翼上就产生大小不等的两个升力，这两个升力差就迫使无人机恢复到原飞行状态。无人机产生右侧滑的情况与之相似，无人机同样也能恢复到原有的飞行状态。

1.3.3 无人机的操纵性

无人机的平衡、安定性保证了无人机的平稳飞行。但是，无人机不可能始终在一种平衡状态下飞行，而需要不断地改变飞行状态。如果无人机由平飞转入爬升、俯冲和左右盘旋等各种飞行状态，就需要无人机能够被操控。无人机能够在人的操控下改变飞行状态的特性被称为无人机的操纵性。

无人机的操纵性一般包括：俯仰操纵性（纵向操纵性）、方向操纵性（航向操纵性）和横向操纵性。无人机的俯仰操纵性是通过操纵升降舵来实现的，方向操纵性和横向操纵性都是通过操纵副翼舵来实现的。由于方向操纵性通过操纵副翼来实现（而没使用方向舵系统），因此无人机在做左、右盘旋时，其盘旋半径比较大。

下面以操纵升降舵改变无人机"平飞"状态为例来说明无人机的操纵性原理。当操纵升降舵，使升降舵向下偏转时，在气流的作用下，无人机的平尾就会产生一个向上的力，使机尾向上抬起，从而使无人机低头。如果无人机原飞行状态为水平等速直线飞行（即平飞）状态，那么操纵升降舵面向下偏转后，无人机就由原"平飞"状态转为俯冲飞行状态。同理，当操纵升降舵面向上偏转，无人机就会由"平飞"状态转为爬升飞行状态。

而对于无尾的飞翼式布局无人机的操纵问题有其自身特点。由于没有尾翼，所有操纵舵面都只能安装在机翼上，而且有效力臂很短。例如：美国高空太阳能"太阳神"号无人机机翼后缘沿翼展分布共有 72 个活动的小翼面，称为升降片。外翼的后缘升降片上偏 2.5° 以保证无人机的俯仰稳定性。

📖 本章小结

本章对无人机的飞行原理进行了简要阐述，包括大气特性、升力与阻力，以及无人机的平衡、安定性和操纵性等内容。在大气特性中，介绍了空气的基本性质和气流特性。在升力和阻力中，介绍了常见机翼的外形参数和几何特性，分析了无人机的升力和阻力。在无人机的平衡中，介绍了纵向平衡、横向平衡和航向平衡。在无人机安定性中，介绍了俯仰安定性、方向安定性和横向安定性。在无人机操纵性中，介绍了俯仰操纵性和方向操纵性。通过本章学习，学生将初步理解无人机的基本飞行原理，为后续的章节学习奠定理论基础。

课后习题

1. 填空题

（1）空气的状态参数主要包括空气的密度、（　　　）、压强。

（2）气体的流动中，既有（　　　），又有静压强，两者的总和被称为总压强。

（3）机翼的几何特性包括机翼的平面形状和（　　　）形状。

（4）低速无人机在飞行过程中，与空气相对运动产生的阻力主要有摩擦阻力、（　　　）和诱导阻力。

（5）无人机的平衡问题主要包括纵向平衡、（　　　）和航向平衡。

（6）无人机的安定性可以分为俯仰安定性、（　　　）和横向安定性。

（7）无人机的操纵性通常包括（　　　）和方向操纵性。

（8）常用的翼型有平凸型、（　　　）和对称型等。

2. 判断题（对的在括号里打"√"，错的打"×"）

（1）空气的密度可以随着体积的变化而变化。（　　　）

（2）当不考虑气流密度的变化时，气流速度的大小与流管的横截面积成反比。（　　　）

（3）无人机飞行的时候，如果迎角超过临界迎角，升力会突然减小，无人机存在下坠危险，此时无人机将进入失速状态。（　　　）

（4）当无人机达到纵向平衡时，其上仰力矩必须等于下俯力矩。（　　　）

（5）无人机机翼上的空气动力的大小和方向，通常主要取决于机翼的翼型和几何特性。（　　　）

3. 简答题

（1）简述空气的黏性。

（2）试简要分析流速与横截面之间的关系。

（3）翼型的主要几何参数包括哪些？

（4）简述具有水平尾翼无人机的俯仰安定性的实现过程。

第**2**章

无人机结构

课程导读

【学习目标】

① 掌握固定翼无人机的结构以及升力系统的组成和作用；

② 了解固定翼无人机的飞行姿态控制方法；

③ 了解无人直升机的基本结构和飞行原理；

④ 掌握多旋翼无人机的结构组成和常见的十字型飞行姿态控制原理；

⑤ 培养实事求是、爱岗敬业的职业精神。

2.1 固定翼无人机的结构

固定翼无人机的结构如图 2.1 所示，主要包括机身、机翼、尾翼、起落架和发动机等。

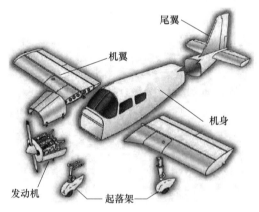

图 2.1　固定翼无人机的结构

以下将分别介绍固定翼无人机的机体组成和升力原理。

2.1.1　机体组成

(1) 机翼

机翼是固定翼无人机在飞行时产生升力的装置，当其具有上反角时，能保持无人机飞行时的横向稳定。机翼是固定在机身上的，一般无人机的重心在机翼构成的空间几何体内。

① 机翼的配置形式。机翼的配置形式主要有上单翼、中单翼、下单翼三种形式，如图 2.2 所示。

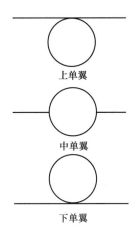

图 2.2　机翼的配置形式

按照机翼上反角的形式来分，机翼有上反翼、下反翼、无上反翼等几种形式，如图 2.3 所示。

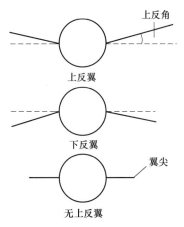

图 2.3　基于上反角划分的机翼

② 上反角与翼尖。机翼与水平面的夹角称为上反角，上反角的样式包括单折上反角、双折上反角、弧形上反角等，机翼两端的边缘称为翼尖。

③后掠角与前掠角。机翼向后倾斜的角度称为后掠角，机翼向前倾斜的角度称为前掠角，如图 2.4 所示。

④ 翼展、翼根、副翼、安装角。机翼两翼尖连线之间的距离称为翼展，表示整个机翼的长度；机翼与机身连接的部分称为翼根；副翼是安装在机翼的后缘上可以活动的舵面，其主要作用是控制无人机的横侧运动，如图 2.5 所示。

翼弦与机身轴线的夹角称为安装角，如图 2.6 所示。

⑤ 襟翼。襟翼一般是指现代机翼边缘部分的一种翼面可动装置。襟翼一般分为后缘襟翼、前缘襟翼。襟翼的作用是增大机翼的面积、改变机翼的弯度、增加一条或几条缝隙供气流通过，如图 2.7 所示。

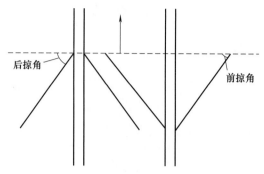

图 2.4　后掠角和前掠角

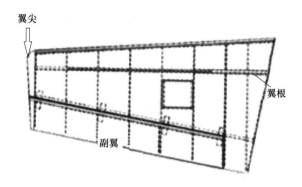

图 2.5　翼尖、翼根及副翼

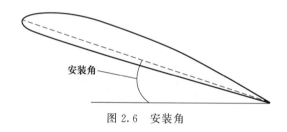

图 2.6　安装角

⑥ 机翼面积。以矩形机翼为例，机翼面积为翼展与翼根长度的乘积。

⑦ 展弦比。翼展与平均几何弦长的比称为展弦比，它等于翼展的平方与机翼面积的比。

⑧ 翼载荷。无人机全重与机翼面积的比。

⑨ 尾翼。尾翼包括水平尾翼和垂直尾翼两部分。水平尾翼可以保持无人机在飞行时的俯仰稳定，垂直尾翼可以保证飞行时的横向稳定。水平尾翼上的升降舵用来控制无人机的升降，垂直尾翼上的方向舵用来控制无人机的飞行方向。垂直尾翼又可分为单立尾、双立尾、V 形尾等，如图 2.8 所示。

（2）机身

将固定翼无人机各个部分连接为一个整体的主干部分称为机身，机身内可以安装飞控、能量存储设备、任务载荷等。在机身中，有一个参数叫作尾力臂，它是指重心到水平尾翼空气动力中心（一般在距水平尾翼前缘 1/4 翼弦处）的距离。

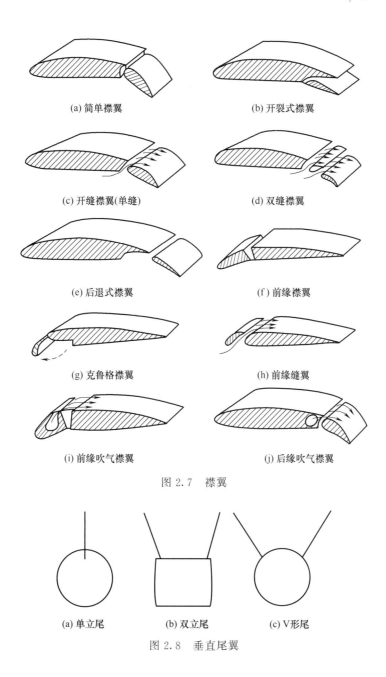

(a) 简单襟翼　　　　　　　　　　　(b) 开裂式襟翼

(c) 开缝襟翼(单缝)　　　　　　　　(d) 双缝襟翼

(e) 后退式襟翼　　　　　　　　　　(f) 前缘襟翼

(g) 克鲁格襟翼　　　　　　　　　　(h) 前缘缝翼

(i) 前缘吹气襟翼　　　　　　　　　(j) 后缘吹气襟翼

图 2.7　襟翼

(a) 单立尾　　　　　(b) 双立尾　　　　　(c) V形尾

图 2.8　垂直尾翼

(3) 起落架

　　起落架是供滑跑型无人机起飞、着陆和停放的装置。其主要作用是：吸收着陆时产生的冲击能量，增加滑跑性能。起落架一般分为前三点和后三点两种。

　　目前使用最多的是前三点式起落架。前轮在机头下面远离无人机重心处，可避免无人机刹车时出现"拿大顶"的危险。两个主轮左右对称地布置在重心稍后处，左右主轮有一定距离可保证无人机在地面滑行时不致倾倒。无人机在地面滑行和停放时，机身地板基本处于水平位置。重型无人机用增加机轮和支点数目的方法降低轮胎对跑道的压力，以改善无人机在前线土跑道上的起降滑行能力。

前三点式起落架的优点：

① 着陆简单，安全可靠。若着陆时的实际速度大于规定值，则在主轮接地时，作用在主轮的撞击力使迎角急剧减小，因而不可能产生像后三点式起落架那样的"跳跃"现象。

② 具有良好的方向稳定性，侧风着陆时较安全。地面滑行时，操纵转弯较灵活。

③ 无倒立危险，因而允许强烈制动，可以减小着陆后的滑跑距离。

④ 在停机与起、落滑跑时，无人机机身处于水平或接近水平的状态，因而向下的视界较好，同时喷气式无人机上的发动机排出的燃气不会直接喷向跑道，因而对跑道的影响较小。

前三点式起落架的缺点：

① 前起落架的位置安排较困难，尤其是对单发动机的无人机，机身前部剩余的空间很小。

② 前起落架承受的载荷大、尺寸大、构造复杂，因而质量大。

③ 着陆滑跑时处于小迎角状态，因而不能充分利用空气阻力进行制动。在不平坦的跑道上滑行时，超越障碍（沟渠、土堆等）的能力也比较差。

④ 前轮会产生摆振现象，因此需要有防止摆振的设备和措施，这又增加了前轮的复杂程度和重量。

尽管如此，由于现代无人机的着陆速度较大，并且保证着陆时的安全成为确定起落架形式的首要决定因素，而前三点式在这方面与后三点式相比有着明显的优势，因而得到最广泛的应用。

早期在螺旋桨无人机上广泛采用后三点式起落架。其特点是两个主轮在重心稍前处，尾轮在机身尾部，离重心较远。

后三点式起落架的结构简单，适用于低速无人机。这种形式的起落架主要应用于装有活塞式发动机型、超轻型低速无人机上。

后三点式起落架的优点：

① 在无人机上易于装置尾轮。与前轮相比，尾轮结构简单，尺寸、质量都较小。

② 正常着陆时，三个机轮同时触地，这就意味着无人机在飘落（着陆过程的第四阶段）时的姿态与地面滑跑、停机时的姿态相同。也就是说，地面滑跑时具有较大的迎角，因此，可以利用较大的无人机阻力来进行减速，从而可以减小着陆滑跑距离。因此，早期的无人机大部分都是后三点式起落架布置形式。

后三点式起落架的缺点：

① 在大速度滑跑时，遇到前方撞击或强烈制动，容易发生倒立现象（俗称"拿大顶"）。因此，为了防止倒立，后三点式起落架不允许强烈制动，因而着陆后的滑跑距离有所增加。

② 如果着陆时的实际速度大于规定值，则容易发生"跳跃"现象。因为在这种情况下，无人机接地时的实际迎角将小于规定值，使机尾抬起，只有主轮接地。接地瞬间，作用在主轮的撞击力将产生抬头力矩，使迎角增大。由于此时无人机的实际速度大于规定值，因此升力大于无人机重力而使无人机重新升起，之后速度很快地减小而使无人机再次飘落。这种无人机不断升起飘落的现象，就称为"跳跃"。如果无人机着陆时的实际速度远大于规定值，则跳跃高度可能很高，无人机从该高度下落，就有可能使无人机损坏。

③ 在起飞、降落滑跑时是不稳定的。如果在滑跑过程中，某些干扰（侧风，或路面不平使两边机轮的阻力不相等）使无人机相对其轴线转过一定角度，这时在支柱上形成的摩擦力将产生相对于无人机质心的力矩，它使无人机转向更大的角度。

④ 在停机与起、落滑跑时，前机身仰起，因而向下的视界不佳。

基于以上缺点，后三点式起落架的主导地位便逐渐被前三点式起落架所替代。

(4) 动力装置

无人机动力装置使其具有一定的速度，从而通过机翼来产生足够的升力带动无人机起飞。无人机常用的动力装置有活塞式发动机、喷气式发动机、无刷电机等。

2.1.2　升力系统组成及作用

升力系统能使无人机产生俯仰运动、滚转运动、偏航运动，它主要是通过副翼、升降舵、方向舵和襟翼完成各类运动状态，如图 2.9 所示。

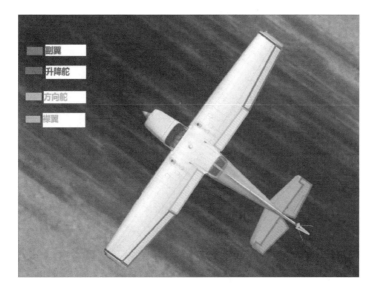

图 2.9（彩图）

图 2.9　升力系统的各执行组件

(1) 俯仰运动

① 升降舵的操纵。将摇杆向后拉时，升降舵会向上运动，反之则向下运动，如图 2.10～图 2.12 所示。

② 操纵升降舵产生的俯仰运动。在操纵升降舵产生的俯仰运动中，包括升降舵的上偏和下偏操作。下面，将以升降舵上偏产生的俯仰运动为例进行介绍，如图 2.13 所示。由于升降舵上偏，气流对升降舵产生了垂直于翼面向下的力，这个力产生了向下的力矩，使机尾以 Y 轴向下转动（旋转轴如图 2.14 所示），同时也使机头向上转动。由于迎角增大，升力增大，所以在一定范围内，无人机会上升。

图 2.10（彩图）

图 2.10　升降舵处于中位

图 2.11（彩图）

图 2.11　升降舵上偏

图 2.12（彩图）

图 2.12　升降舵下偏

图 2.13
（彩图）

图 2.13　升降舵上偏产生的俯仰运动

图 2.14　无人机三轴示意图

(2) 滚转运动

① 副翼的操纵。向左偏转副翼摇杆时，左侧副翼会上偏，右侧会下偏，反之亦然。

由图 2.15、图 2.16 可知，在左侧副翼上偏，右侧副翼下偏的情况下，无人机将产生左偏的运动姿态。

左侧副翼下偏、右侧副翼上偏的示意图，如图 2.17、图 2.18 所示。

当副翼出现图 2.17、图 2.18 所示的动作时，无人机将出现右偏的运动姿态。

② 操纵副翼产生的滚转运动。以下以左转为例，介绍副翼产生的滚转运动，如图 2.19 所示。

图 2.15
（彩图）

图 2.15　左侧副翼上偏

图 2.16
（彩图）

图 2.16　右侧副翼下偏

图 2.17
（彩图）

图 2.17　左侧副翼下偏

图 2.18
（彩图）

图 2.18　右侧副翼上偏

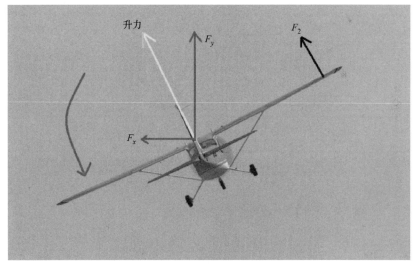

图 2.19
（彩图）

图 2.19　副翼产生的滚转运动

　　当左侧副翼上偏时，会受到气流施加的向下压力，从而使左侧机翼绕 X 轴向下偏转，右侧机翼向上偏转。又由于升力是垂直于翼面的（仅指 Y 方向上），所以升力产生了向左的分力，使无人机向左做圆周运动，这就是无人机转弯的原理。需要注意的是，在转弯时没有改变升力大小却产生了分力，所以升力在竖直方向上的分力减小，无人机可能会掉高度。

（3）偏航运动

　　① 方向舵的操纵。方向舵是用于控制偏航运动的，如图 2.20～图 2.22 所示。向左扭方向舵摇杆，方向舵就会左偏。反之，则右偏。

图 2.20
（彩图）

图 2.20　方向舵为中位

图 2.21
（彩图）

图 2.21　方向舵左偏

② 操纵方向舵产生的偏航运动。方向舵产生的偏航运动包括左偏和右偏。下面将以方向舵左偏为例进行介绍，如图 2.23 所示。

当方向舵左偏时，舵面受空气施加的向右后方的压力，此压力产生力矩，使机尾绕 Z

图 2.22
（彩图）

图 2.22 方向舵右偏

图 2.23
（彩图）

图 2.23 方向舵产生的偏航运动

轴向右旋转，同时机头也向左旋转，由于速度方向并未改变，所以无人机会发生偏航（也叫侧滑）。这个动作在风中校正航向和转弯时用以消除不正常偏航，需注意的是该动作不是无人机转弯的主要成因。

需要注意，该动作也会造成一定程度的滚转。由于偏航时，左侧机翼相对气流速度减慢，右侧机翼加快，造成两侧机翼相对气流速度不对称，所以无人机会发生滚转。

2.2 无人直升机的结构

无人直升机的结构，主要包括机身、主旋翼、尾旋翼、操纵系统、动力系统、起落架等，如图 2.24 所示。

图 2.24 无人直升机的结构

1—机头罩；2—主桨；3—尾桨；4—尾斜撑；5—机身保护罩；6—起落架

2.2.1 无人直升机的组成

通常，无人直升机包括单旋翼带尾桨无人直升机、共轴无人直升机等，其组成结构包括无人直升机的机身、动力系统、减速器、自动倾斜器、尾桨（无尾桨式除外）、传动机构传动轴、起落架。

下面，将以单旋翼带尾桨无人直升机为例，介绍其基本组成结构。

(1) 机身

机身是单旋翼无人直升机的重要部件，用来支持和固定连接单旋翼无人直升机各部件、系统，使无人机满足技术要求。机身外形对单旋翼无人直升机的飞行性能、操纵性和稳定性有重要影响。

(2) 动力系统

它是用来为单旋翼无人直升机产生升力的设备（图 2.25）。动力装置是由电机和主桨叶组成的。

① 电机。它的主要作用是产生驱动转矩，作为用电器或各种机械的动力源。

② 桨叶。它是提供升力的重要部件，除了气动力方面的要求之外，还有动力学和疲劳方面的要求。例如，所设计的桨叶的固有频率不与气动力发生共振，桨叶挥舞、摆振频率满足操纵稳定性要求；桨叶承力结构能有较高的抗疲劳性能或采用破损安全设计等。

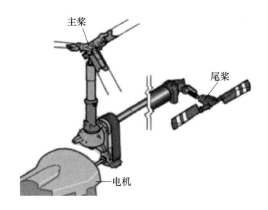

图 2.25　单旋翼无人直升机动力系统

（3）减速器

单旋翼无人直升机的主减速器一般为齿轮传动式，它有发动机的功率输入端以及与旋翼、尾桨附件传动轴相连的功率输出端，是传动装置中最复杂、最大、最重的一个部件。

（4）自动倾斜器

自动倾斜器由变距拉杆、旋转环和不旋转环组成，如图 2.26 所示。它是单旋翼无人直升机操纵系统的一个主要组成部分，旋翼的总距及周期变距操纵都要通过自动倾斜器来实现。

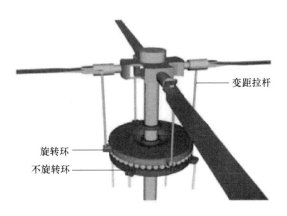

图 2.26　自动倾斜器

（5）尾桨

它是用来对单旋翼无人直升机进行航向操纵及平衡反转矩的部件。旋转着的尾桨相当于一个垂直安定面，能对单旋翼无人直升机航向起稳定作用。虽然尾桨的功用与旋翼不同，但是尾桨结构与旋翼结构有很多相似之处，它们都是由旋转而产生空气动力，在前飞时都处于在不对称气流中工作的状态。

(6) 传动机构传动轴

发动机与主减速器，主减速器和中、尾减速器以及和附件之间均需有传动机构传动轴（图 2.27）将其相连，用以传递功率。传动轴，根据其用途可分为主轴、中轴和尾轴等。

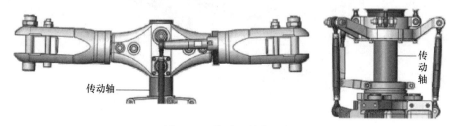

图 2.27　传动机构传动轴

(7) 起落架

单旋翼无人直升机起落装置的主要作用是缓冲在着陆时由于有垂直速度而带来的能量，保证在整个使用过程中不发生共振。此外，起落装置往往还用来使单旋翼无人直升机具有在地面滑行的能力，减少滑行时由于地面不平而产生的撞击。

2.2.2　无人直升机飞行原理

无人直升机的飞行包括六自由度运动过程：惯性坐标系下三个直线方向（纵向、横向、垂向），旋转坐标系下三个姿态（俯仰、横滚、偏航）。直升机姿态控制力矩来自主旋翼和尾桨。抛开各姿态中的耦合因素，主旋翼提供俯仰和横滚所需的姿态控制力矩，尾桨提供偏航力矩。

主旋翼提供升力是很明显的，但是如何将升力投影到纵向和横向上并产生姿态控制力矩呢？直升机是通过主旋翼挥舞实现的。直升机主旋翼桨尖平面不是固定在一个二维平面中的，而是上下挥舞，以此平衡直升机主旋翼左右不平衡受力。挥舞产生横纵挥舞角，主旋翼升力就是通过横纵挥舞角投影在其他方向上，并通过桨毂产生力矩控制直升机姿态。

主旋翼通过自动倾斜器调节周期变距实现挥舞运动。通过这样的结构将伺服电机的转动转化为倾斜器角度变化，再控制桨距角发生变化，最终将主旋翼的升力投影在运动方向上，驱动直升机实现三个方向上的直线运动。

2.3　多旋翼无人机的结构

多旋翼无人机是与固定翼无人机完全不同的飞行器，固定翼无人机靠发动机产生的动力前进，利用高速气流对机翼的环流产生升力；而多旋翼无人机依靠旋翼绕垂直轴的旋转产生升力。多旋翼无人机不需要高速水平运动就能产生升力，具有固定翼无人机不具备的垂直升降、悬停、机动灵活等优点，特别适合低空、低速飞行，已发展成为军用和民用领域的多用途工具。

多旋翼无人机降低了商业无人机的门槛，使无人机更加普及。它没有固定的气动外形，从外观上看它更像是由零部件堆凑在一起的，具有非常鲜明的优点和缺点。

(1) 优点

从操纵层面来看，由于多旋翼无人机不需要借助机翼来获得升力，因此不用考虑它的气动外形设计，借助于电路的集成化、小型化，可以将其做得非常小。此外，多旋翼无人机还可以很容易地产生同一方向的气流推送，因此具备优秀的垂直起飞和着陆能力（VOTL 能力）与定点悬停的能力。

同时，对称的动力布局又使其操控简单直接。姿态调整时只需要成对改变动力单元输出功率，就可以提供非常直接的姿态力矩。

(2) 缺点

首先，它的启动效率非常差。固定翼无人机的结构，是根据飞行生物仿生设计的无人机结构。固定翼无人机在空中可借助气流来产生升力，姿态可以通过改变舵面位置来调整。多旋翼无人机需要安装与旋翼数相同的电机来提供升力，在飞行过程中完全没有办法借助空气动力。多旋翼无人机的姿态变化和飞行速度完全依靠机载动力，自身能量消耗过大，效率非常低。

其次，在机动性方面，直升机的机动速度与飞行包络都明显优于多旋翼无人机。

最后，当多旋翼无人机大型化后，也就意味着需要更大的升力，螺旋桨的尺寸和数量也需要相应增加，自身能量消耗也就越快。

2.3.1　多旋翼系统的组成

多旋翼无人机，是一种具有三个及以上旋翼轴的特殊无人驾驶直升机。其通过每个轴上的电动机转动，带动旋翼，从而产生升力。旋翼的总距固定，而不像一般直升机那样可变。通过改变不同旋翼之间的相对转速，可以改变单轴推进力的大小，从而控制无人机的运行轨迹。

下面，以四旋翼无人机（图 2.28）为例，对其结构进行介绍。

图 2.28　四旋翼无人机

在四旋翼无人机中，四个动力单元分别位于无人机的前后左右四个方向，且半径相等、高度一致。电机 1 和电机 3 为逆时针旋转（CCW），电机 2 和电机 4 为顺时针旋转（CW），四个电机对称地安装在无人机支架端（图 2.29），支架中心安装飞控系统和其他外部设备。

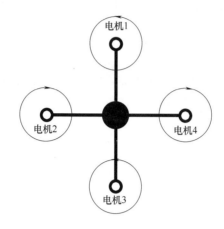

图 2.29　电机 1~4 位置

（1）机架

机架作为无人机的主体，是安装各种设备的基础，而且通过机架数量也会分出类型，如三旋翼、四旋翼、六旋翼、八旋翼无人机等。

机架是多旋翼无人机不可或缺的部件。以 F450 机架为例，这款机架是为了满足大多数航模爱好者而开发的一套机架，同时 F450 机架是四旋翼无人机的入门机型。F450 机架如图 2.30 所示。

图 2.30　F450 机架

该机架主要包括四轴的四个机臂，一块下分电板和一块上顶板。机臂上主要安装电机和连接上板与下板，同时可以固定电调（全称为电子调速器）。下分电板主要是给 4 个电调供电。上板可以用来固定飞控（飞行控制器）、接收器和电池等。

（2）动力系统

完整的多旋翼无人机系统中包含一套"动力系统"。这套"动力系统"由电调、电机和螺旋桨组成。下面介绍多旋翼无人机动力系统的电调、电机和螺旋桨。通过以下内容的学习，可以根据需要选择一套多旋翼无人机的"动力系统"。

目前，大多数多旋翼无人机需要的是无刷电机，所以在电调选择中应选用无刷电调。无刷电调输入的是直流电，可以接稳压电源，或者锂电池；输出的是三相交流电，直接与电机的三相输入端相连。如果通电后，电机反转，只需要把这三根线中的任意两根对换位置即可。另外，电调还有三根信号线用来与接收机连接，控制电机的运转。

行业应用中的电调种类比较多，品牌众多。我们需要选择一款合适的电调，因为电调与无人机的飞行安全和操控效果密切相关。在选择电调时，还要注意电调与电机配套，原则是电调的电流与电机的峰值电流相同。通常，最好选择电调的电流略高于电机的峰值电流。

以 F450 多旋翼无人机为例，为了电机的电流安全使用，我们一般推荐选用 30A 的电调，型号参数为 2212-980KV❶ 的电机和直径为 11in❷（英寸）的螺旋桨，如图 2.31 所示。

图 2.31　电机、电调与螺旋桨

(3) 飞控系统

飞控系统是多旋翼无人机的核心设备。飞控系统的好坏，从本质上决定了无人机的飞行性能。因此，要想操控好多旋翼无人机，就需要有一个好的飞控板。

对于那些要求高精度航拍效果的操作者，需要安装飞控系统，如 NAZA、WooKoog-M或者 YS-X4 等飞控板。性能稳定的飞控板，可以提供完整的功能和特殊的扩展接口，飞控操纵性更好，而且能保证设备安全稳定，满足用户的不同任务需求。

下面，以 NAZA 飞控板为例进行介绍。NAZA 飞控板，俗称哪吒飞控板，是大疆公司出产的一款多旋翼飞控。该飞控的主要版本有 Naza-M、Naza-M Lite、Naza-M V2 和Naza-H。

飞控板的基本功能如下：

- 多选控制模式，分手动模式（可选手动、失控保护）、姿态模式、GPS 模式。
- 智能方向控制，分航向锁定/返航点锁定。
- 增强型失控保护，有自动降落/自动降落熄火。
- 四旋翼，六旋翼，八旋翼。
- 掰杆启动、停止类型分为立即模式和智能模式。
- 远程调参。
- 支持两轴云台，云台舵机多频率支持（八轴时不支持云台）。

---

❶　KV 值的定义详见 3.2.2 节。
❷　1in＝2.54cm。

- D-Bus 接口，支持 S-Bus/S-Bus Ⅱ 接收机；支持 PPM 接收机。
- 电压检测和低压报警。
- 四通道遥控器支持。
- 电机调制中新增电机怠速，五级可调。
- IMU 校准。
- 支持 PMU 扩展模块，可支持 IOSD、H3-2D 云台、NAZA-M BTU 模块等设备。

在 NAZA 飞控板中，主要接线口如图 2.32 所示。

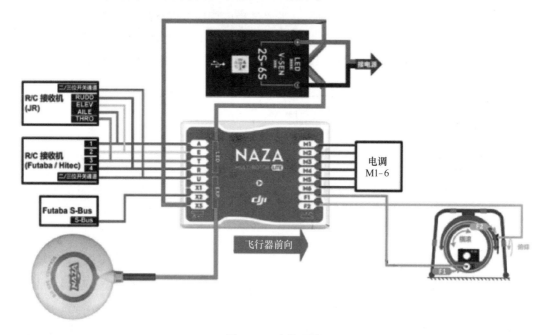

图 2.32 飞控系统

(4) 链路系统

数据链路包括数字传输和图像传输两部分。数字传输就是数传，数传保持着无人机和地面站的联络；图像传输就是图传，图传可以将摄像机即时的图像传输到监视器。

(5) 任务设备

任务设备即为多旋翼无人机的搭载设备。随着无人机的迅速发展，搭载设备的种类越来越多样化。使用的任务设备有云台、运动相机、摄像机、降落伞、灭火器、喊话器、探照灯、红外成像仪、倾斜测绘仪等。

2.3.2 多旋翼飞行姿态的控制

(1) 十型飞行姿态

① 垂直运动。在图 2.33 中，有两对电机转向相反，因而可以平衡其对机身的反转矩。

当同时增加四个电机的输出功率时，旋翼转速增加使得总的升力增大，当总升力足以克服整机的重量时，四旋翼无人机便离地垂直上升；反之，同时减小四个电机的输出功率，四旋翼无人机则垂直下降，直至平衡落地，实现了沿 Z 轴的垂直运动。

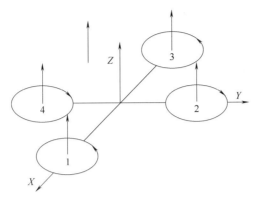

图 2.33　垂直运动

当外界扰动量为 0、旋翼产生的升力等于无人机的自重时，无人机便保持悬停状态。

保证四个旋翼转速同步增加或减小是垂直运动的关键。

② 俯仰运动。在图 2.34 中，电机 1 的转速上升，电机 3 的转速下降，电机 2、电机 4 的转速保持不变；为了不因为旋翼转速的改变引起四旋翼无人机整体转矩及总升力改变，旋翼 1 与旋翼 3 转速改变量的大小应相等。由于旋翼 1 的升力上升，旋翼 3 的升力下降，产生的不平衡力矩使机身绕 Y 轴旋转（方向如图 2.34 所示）。同理，当电机 1 的转速下降，电机 3 的转速上升，机身便绕 Y 轴向另一个方向旋转，实现无人机的俯仰运动。

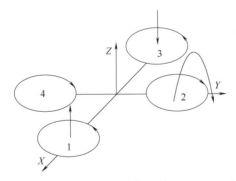

图 2.34　俯仰运动

③ 滚转运动。在图 2.35 中，改变电机 2 和电机 4 的转速，保持电机 1 和电机 3 的转速不变，则可使机身绕 X 轴旋转（正向和反向），实现无人机的滚转运动。

④ 偏航运动。四旋翼无人机的偏航运动可以借助旋翼产生的反转矩来实现。旋翼转动过程中由于空气阻力作用会形成与转动方向相反的反转矩，为了克服反转矩的影响，可使四个旋翼中的两个正转，两个反转，且对角线上的各个旋翼转动方向相同。反转矩的大小与旋翼转速有关：当四个电机转速相同时，四个旋翼产生的反转矩相互平衡，四旋翼无人机不发生转动；当四个电机转速不完全相同时，不平衡的反转矩会引起四旋翼无人机转动。

在图 2.36 中，当电机 1 和电机 3 的转速上升，电机 2 和电机 4 的转速下降时，旋翼 1

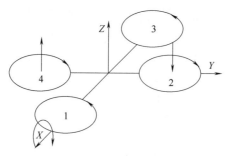

图 2.35　滚转运动

和旋翼 3 对机身的反转矩大于旋翼 2 和旋翼 4 对机身的反转矩，机身便在富余反转矩的作用下绕 Z 轴转动，实现无人机的偏航运动，转向与电机 1、电机 3 的转向相反。

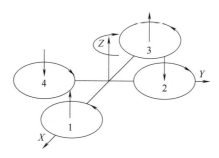

图 2.36　偏航运动

⑤ 前后运动。要想实现无人机在水平面内前后的运动，必须在水平面内对无人机施加一定的力。在图 2.37 中，增加电机 3 转速，使升力增大，相应减小电机 1 转速，使升力减小，同时保持其他两个电机转速不变，反转矩仍然要保持平衡。按图 2.34 的理论，无人机首先发生一定程度的倾斜，从而使旋翼升力产生水平分量，因此可以实现无人机的前飞运动。向后飞行的原理与向前飞行正好相反。无人机在产生俯仰、滚转运动的同时也会产生沿 X、Y 轴的水平运动。

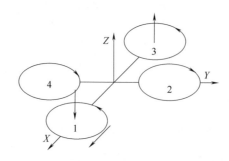

图 2.37　前后运动

⑥ 侧向运动。在图 2.38 中，由于结构对称，所以侧向飞行的工作原理与前后运动完全一样。

(2) X 型飞行姿态

X 型飞行姿态的原理如图 2.39 所示。

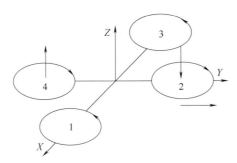

图 2.38　侧向运动

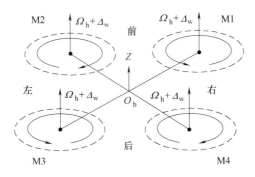

图 2.39　X 型飞行姿态原理

① 垂直运动：将 M1、M2、M3、M4 四个电机的转速同时增大或减小。

② 俯仰运动（前后运动）：将 M1、M2 的转速减小或将 M3、M4 的转速增加，四旋翼会产生向前上方的力，使四旋翼无人机向前飞行。反之，将 M1、M2 的转速增加或将 M3、M4 的转速减小时，四旋翼会产生向后上方的力，使四旋翼无人机向后飞行。

③ 滚转运动（左右运动）：将 M2、M3 的转速增加或将 M1、M4 的转速减小，四旋翼会产生向右上方的合力，使四旋翼无人机向右飞行。反之，减小 M2、M3 的转速或者增加 M1、M4 的转速，四旋翼会产生向左上方的合力，使四旋翼无人机向左飞行。

④ 偏航运动（左右转向）：将 M1、M3 的转速增加或将 M2、M4 的转速减小，四旋翼无人机会向右旋转，实现向右偏航。反之，将 M1、M3 的转速减小或将 M2、M4 的转速增加，四旋翼无人机会向左旋转，实现向左偏航。

本章小结

本章介绍了固定翼无人机、无人直升机以及多旋翼无人机的基本结构及其飞行原理。在固定翼无人机的介绍中，重点介绍了固定翼无人机的升力原理和飞行姿态控制方法。在无人直升机的介绍中，以单旋翼带尾翼无人直升机为例，介绍了无人直升机的基本组成和飞行姿态控制方法。在多旋翼无人机的介绍中，以四旋翼无人机为例，介绍了多旋翼无人机的基本结构和飞行姿态控制方法。本章内容对于拓宽对无人机结构的认识，以及操控无人机具有一定的理论指导作用。

课后习题

1. 填空题

（1）固定翼无人机的结构主要包括机身、（　　　）、尾翼、起落架和发动机等。

（2）机翼的配置形式主要有（　　　）、中单翼和下单翼。

（3）按照机翼上反角划分，机翼有上反翼、（　　　）和无上反翼等。

（4）襟翼一般分为两种，即后缘襟翼和（　　　）。

（5）尾翼包括水平尾翼和（　　　）。

（6）升力系统主要作用是产生俯仰运动、（　　　）和偏航运动。

（7）无人直升机的结构，主要包括机身、（　　　）、尾旋翼、（　　　）、动力系统和起落架等。

（8）多旋翼无人机的 X 型飞行姿态，主要包括垂直运动、（　　　）、滚转运动和偏航运动。

2. 判断题（对的在括号里打"√"，错的打"×"）

（1）机翼向后倾斜的角度称为后掠角，机翼向前倾斜的角度称为前掠角。（　　　）

（2）副翼是安装在机翼的后缘上可以活动的舵面，主要作用是控制无人机的横侧运动。（　　　）

（3）水平尾翼的主要功能是保持无人机在飞行时的俯仰稳定。（　　　）

（4）多旋翼无人机的十型飞行姿态，主要包括垂直运动、俯仰运动、滚转运动、偏航运动、前后运动和侧向运动。（　　　）

3. 简答题

（1）简述水平尾翼的主要作用。

（2）简要阐述前三点式起落架和后三点式起落架各自的优缺点。

（3）简要介绍多旋翼无人机的优缺点。

第3章

无人机动力系统

【学习目标】

① 了解无人机动力系统的基本组成；

② 掌握无刷电机和有刷电机的基本工作原理；

③ 了解常见燃油类发动机的分类；

④ 掌握常见发动机的基本工作原理；

⑤ 培养劳动光荣、精益求精的职业素养。

课程导读

3.1 动力系统概述

无人机动力系统使无人机具有一定的速度，从而通过机翼来产生足够的升力带动无人机起飞。

无人机动力系统总体可分为以燃油类发动机为动力的油动系统和以电池为能源的电动系统两大类。随着科技的进步，目前又出现了混动系统，即燃油发动机带动发电机为电动系统提供电力。

3.2 电动机

电动机（也可称为电机）是根据通电导体在磁场中受力的作用的原理而发明的动力装置。发现这一原理的是丹麦物理学家奥斯特，1777 年生于兰格朗岛鲁德乔宾的一个药剂师家庭。1820 年因电流磁效应这一杰出发现，奥斯特获得了英国皇家学会科普利奖章。

3.2.1 电动机工作原理

电动机的基本原理是变化电场产生磁场。在一条直的金属导线中通入电流，那么在导线周围的空间将产生圆形磁场。导线中流过的电流越大，产生的磁场越强。磁场呈圆形，围绕导线。

电动机（motor）是把电能转换成机械能的一种设备。它是利用通电线圈（也就是定子绕组）产生旋转磁场并作用于转子（如笼型闭合铝框）形成磁电动力旋转力矩。

电动机按使用电源不同分为直流电动机和交流电动机，电力系统中的电动机大部分是交流电机，可以是同步电机或者是异步电机（电机定子磁场转速与转子旋转转速不保持同步速）。电动机按结构和工作原理不同可分为无刷电机和有刷电机。

首先复习几个基础定则：左手定则、右手定则、右手螺旋定则。下面，分别介绍这三个定则。

① 左手定则。它是电机转动受力分析的基础，简单说就是磁场中的载流导体，会受到力的作用。

如图 3.1 所示，让磁感线穿过手掌正面，四指方向为电流方向，大拇指方向为产生磁力的方向。

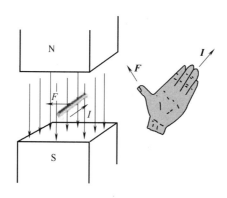

图 3.1　左手定则

② 右手定则。这是产生感应电动势的基础，跟左手定则相反，磁场中的导体因受到力的牵引切割磁感线产生电动势，如图 3.2 所示。

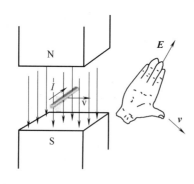

图 3.2　右手定则

让磁感线穿过掌心，大拇指方向为运动方向，四指方向为产生的电动势方向。为什么要讲感应电动势呢？不知道大家有没有类似的经历，把电机的三相线合在一起，用手去转动电机会发现阻力非常大。这是因为在转动电机过程中产生了感应电动势，从而产生电流，磁场中电流流过导体又会产生和转动方向相反的力，大家就会感觉转动有很大的阻力。

如图 3.3 所示，当三相线分开时，电机可以轻松转动。

如图 3.4 所示，当三相线合并时，电机转动阻力非常大。

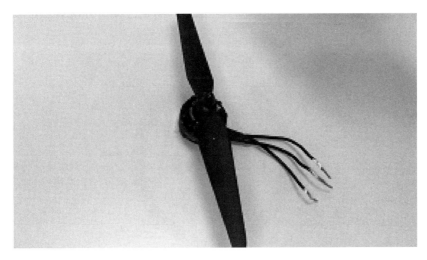

图 3.3　三相线分开时的电机

图 3.4　三相线合并时的电机

③ 右手螺旋定则。用右手握住通电螺线管，使四指弯曲与电流方向一致，那么大拇指所指的那一端就是通电螺线管的 N 极，如图 3.5 所示。右手螺旋定则是判断通电线圈极性的基础，图 3.5 中左右两侧向上、向下箭头方向即为电流方向。

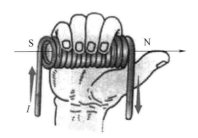

图 3.5　右手螺旋定则

在上述三大定则基础上，接下来介绍电动机转动的基本原理。以下通过直观的电动机图，让大家来了解电动机的工作原理。

电动机，俗称"马达"，它的主要作用是产生驱动转矩，作为家用电器或各种机械装置的动力源。

电动机的主要作用是把电能转化为机械能，如图 3.6 所示。

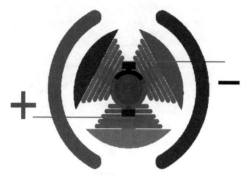

图 3.6　电动机示意图

电动机主要由一个用以产生磁场的电磁铁绕组或分布的定子绕组和一个旋转电枢或转子，以及其他附件组成。在定子绕组旋转磁场的作用下，在电枢笼型铝框中有电流通过并受磁场的作用而使其转动，如图 3.7 所示。

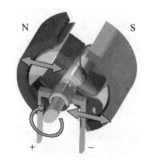

图 3.7　电动机工作原理示意图

定子（静止部分）：

- 定子铁芯：电动机磁路的一部分，并在其上放置定子绕组。
- 定子绕组：电动机的电路部分，通入三相交流电，产生旋转磁场。
- 机座：固定定子铁芯与前后端盖以支撑转子，并起防护、散热等作用。

转子（旋转部分）：

- 转子铁芯：电动机磁路的一部分，在铁芯槽内放置转子绕组。
- 转子绕组：切割定子旋转磁场产生感应电动势及电流，并形成电磁转矩而使电动机旋转。

3.2.2　无刷电机

无刷电机（全称为无刷直流电动机）由电动机主体和驱动器组成，是一种典型的机电一体化产品。由于无刷电机是以自控式运行的，所以不会像变频调速下重载启动的同步电机那样在转子上另加启动绕组，也不会在负载突变时产生振荡和失步。中小容量的无刷电机的永磁体，现在多采用高磁能级的稀土钕铁硼（Nd-Fe-B）材料。因此，稀土永磁无刷电机的体积比同容量三相异步电机缩小了一个机座号。

(1) 无刷电机的基本概念

根据电动机的结构不同，我们可以将无刷电机分为内转子无刷电机和外转子无刷电机。无刷电机是航模中除了有刷电机以外用得最多的一种电机，如图 3.8 所示。

图 3.8　无刷电机

无刷电机不使用机械的电刷装置，采用方波自控式永磁同步电机，以霍尔传感器取代碳刷换向器，以钕铁硼材料作为转子的永磁材料，性能上相较一般的传统直流电机有很大优势。

无刷电机具有高效率、低能耗、低噪声、超长寿命、高可靠性、可伺服控制、无级变频调速等优点。通常，无刷电机比有刷电机价格贵、不好维护，它广泛应用于航模、高速车模和船模。

不过，单个的无刷电机不是一套完整的动力系统，其基本必须通过无刷控制器也就是电调的控制才能实现连续不断的运转。普通的碳刷电机中旋转的是绕组，而无刷电机不论是外转子结构还是内转子结构中旋转的都是磁铁。所以，任何一个电机都是由定子和转子共同构成的。

无刷电机的定子是产生旋转磁场的部分，能够支撑转子进行旋转，主要由硅钢片、漆包线、轴承、支撑件构成；而转子则是粘贴钕铁硼磁铁并在定子旋转磁场的作用下进行旋转的部件，主要由转轴、磁铁、支撑件构成。除此之外，定子与转子组成的磁极对数还影响着电机的转速与扭力。

(2) 无刷电机的结构

无刷电机的物理结构如图 3.9 所示。

由图 3.9 可知，无刷电机的前盖、中盖、后盖是主要整体结构件，起到构建电机整体结构的作用。但是外转子无刷电机的外壳同时也是磁铁的磁路通路，所以外壳必须是由导磁性的物质构成。内转子无刷电机的外壳只是结构件，所以不限定材质。但是内转子电机比外转子电机多一个转子铁芯，这个转子铁芯同样也是起到磁路通路的作用。

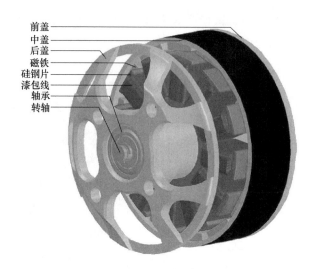

图 3.9　无刷电机的物理结构

① 磁铁：安装在转子上，是无刷电机的重要组成部分。无刷电机的绝大部分性能参数都与磁铁相关，包括功率、转速、转矩等。

② 硅钢片：有槽无刷电机的重要组成部分。当然，无槽无刷电机是没有硅钢片的，但是目前绝大多数的无刷电机都是有槽的。它在整个系统中的作用主要是降低磁阻、参与磁路运转。

③ 转轴：电机转子的直接受力部分。转轴的硬度必须能满足转子高速旋转的要求。

④ 轴承：电机运转顺畅的保证。轴承可以分为滑动轴承和滚动轴承，而滚动轴承又可以细分为深沟球轴承、滚针轴承和角接触轴承等十大类，而目前大多数的无刷电机都是采用深沟球轴承。

(3) 无刷电机的工作原理

无刷电机动力系统由转子、定子和位置传感器三部分等组成，如图 3.10 所示。

图 3.10　直流无刷电机

无刷电机的工作原理如图 3.11 所示。

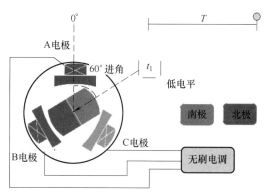

图 3.11　无刷电机工作原理示意图

在直流无刷电机工作过程中，位置传感器按转子位置的变化，沿着一定次序对定子绕组的电流进行换流（即检测转子磁极相对定子绕组的位置，并在确定的位置处产生位置传感信号，经信号转换电路处理后去控制功率开关电路，按一定的逻辑关系进行绕组电流切换）。定子绕组的工作电压由位置传感器输出控制的电子开关电路提供。

位置传感器有磁敏式、光电式和电磁式三种类型。

① 采用磁敏式位置传感器的直流无刷电动机，其磁敏传感器件（例如霍尔元件、磁敏二极管、磁敏电阻器或专用集成电路等）装在定子组件上，用来检测永磁体、转子旋转时产生的磁场变化。

② 采用光电式位置传感器的直流无刷电动机，在定子组件上按一定位置配置了光电传感器件，转子上装有遮光板，光源为发光二极管或小灯泡。转子旋转时，由于遮光板的作用，定子上的光敏元器件将会按一定频率间歇产生脉冲信号。

③ 采用电磁式位置传感器的直流无刷电动机，是在定子组件上安装有电磁传感器部件（例如耦合变压器、接近开关、LC 谐振电路等），当永磁体转子位置发生变化时，电磁效应将使电磁传感器产生高频调制信号（其幅值随转子位置而变化）。

简单而言，直流无刷电机就是依靠改变输入到无刷电机定子线圈上的电流交变频率和波形，在绕组线圈周围形成一个绕电机几何轴心旋转的磁场，这个磁场驱动转子上的永磁磁钢转动，电机就转起来了。

电机的性能和磁钢数量、磁钢磁通强度、电机输入电压大小等因素有关，更与无刷电机的控制性能有很大关系，且输入的是直流电，电流需要电子调速器将其变成三相交流电，还需要从遥控器接收机那里接收控制信号，控制电机的转速，以满足使用需要。

（4）三相二极内转子无刷电机

一般来说，在无刷电机中，定子的三相绕组有星形联结方式和三角联结方式，而"三相星形联结的二二导通方式"最为常用。这里就用该模型来做简单分析。

图 3.12 是定子绕组的联结方式（转子未画出，假想是一个二极磁铁），三个绕组通过中心的连接点以 Y 形的方式被联结在一起。整个电机就引出三根线 A、B、C。当它们之间两两通电时，有 6 种情况，分别是 AB、AC、BC、BA、CA、CB（注意，这是有顺序的）。

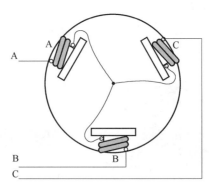

图 3.12　定子绕组的联结方式

① 第一阶段：AB 相通电。如图 3.13 所示，当 AB 相通电时，A 极线圈产生的磁感线方向如红色箭头所示，B 极产生的磁感线方向如蓝色箭头所示，那么产生的合力方向即为绿色箭头所示。假设其中有一个二极磁铁，则根据"中间的转子会尽量使自己内部的磁感线方向与外磁感线方向保持一致"，N 极方向会与绿色箭头所示方向重合。

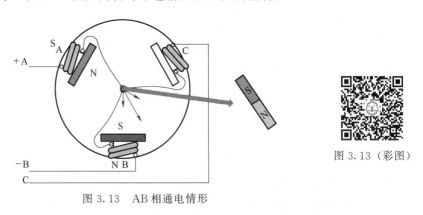

图 3.13（彩图）

图 3.13　AB 相通电情形

以下分别展示第二阶段至第四阶段的通电情形，其工作原理与 AB 相通电类似，就不再一一展开说明。

② 第二阶段：AC 相通电（图 3.14）。

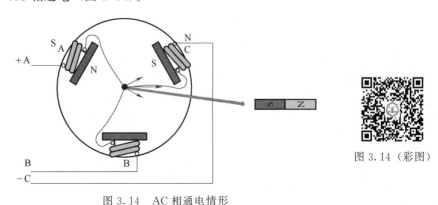

图 3.14（彩图）

图 3.14　AC 相通电情形

③ 第三阶段：BC 相通电（图 3.15）。

④ 第四阶段：BA 相通电（图 3.16）。

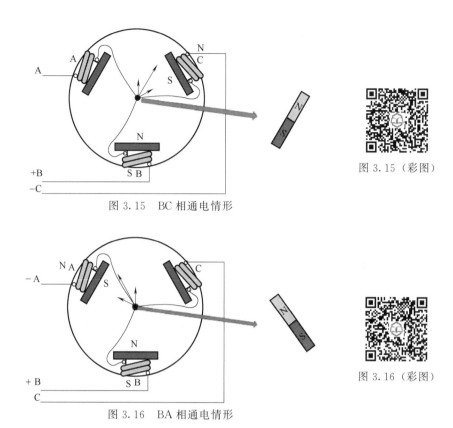

图 3.15　BC 相通电情形

图 3.15（彩图）

图 3.16　BA 相通电情形

图 3.16（彩图）

中间磁铁（转子）的状态，如图 3.17 所示。

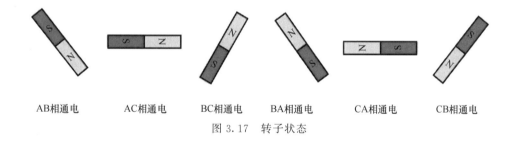

AB相通电　　　　AC相通电　　　　BC相通电　　　　BA相通电　　　　CA相通电　　　　CB相通电

图 3.17　转子状态

在每个过程中，转子旋转 60°，如图 3.18 所示。

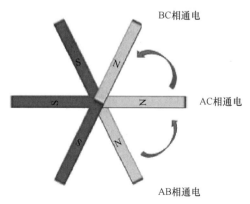

图 3.18　转子旋转示意图

由图 3.18 可知，六个过程即完成了完整的转动，其中包括 6 次换相。

(5) 三相多绕组多极内转子无刷电机

图 3.19 是三相九绕组六极（三对极）内转子电机的结构图。

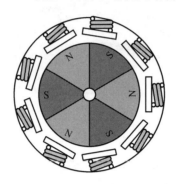

图 3.19　电机定子与转子结构

三相九绕组六极（三对极）内转子电机的绕组连线方式如图 3.20 所示。

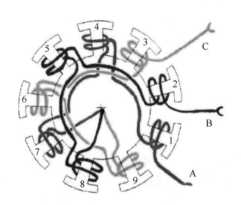

图 3.20（彩图）

图 3.20　绕组连接方式

从图 3.20 可见，其三相绕组也是在中间点处连接在一起的，属于星形联结方式。一般而言，电机的绕组数量都是和永磁极的数量不一致的（比如用九绕组六极，而不是六绕组六极），这样是为了防止定子的齿与转子的磁钢相吸对齐。

电动机的运动原则是：转子的 N 极与通电绕组的 S 极有对齐的运动趋势，而转子的 S 极与通电绕组的 N 极有对齐的运动趋势。

① 第一阶段：AB 相通电（图 3.21）。

② 第二阶段：AC 相通电（图 3.22）。

③ 第三阶段：BC 相通电（图 3.23）。

④ 第四阶段：BA 相通电（图 3.24）。

⑤ 第五阶段：CA 相通电（图 3.25）。

⑥ 第六阶段：CB 相通电（图 3.26）。

以上为六个不同的通电状态，其中经历了五个转动过程。每个过程转动 20°，如图 3.27 所示。

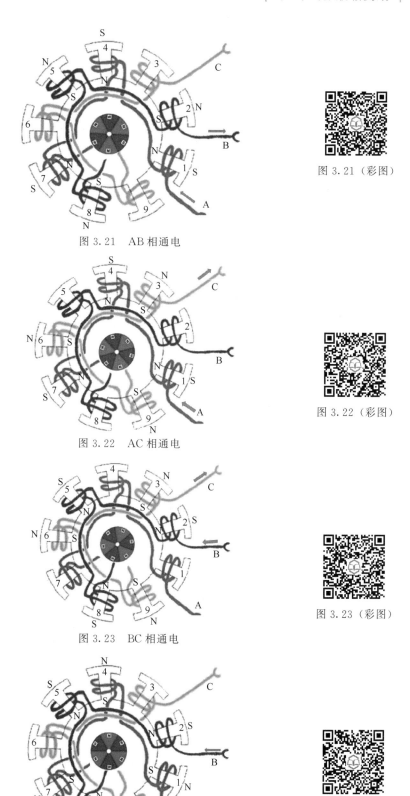

图 3.21　AB 相通电

图 3.21（彩图）

图 3.22　AC 相通电

图 3.22（彩图）

图 3.23　BC 相通电

图 3.23（彩图）

图 3.24　BA 相通电

图 3.24（彩图）

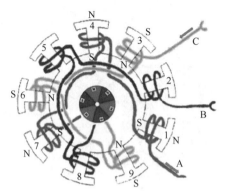

图 3.25（彩图）

图 3.25　CA 相通电

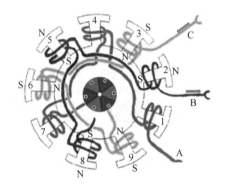

图 3.26（彩图）

图 3.26　CB 相通电

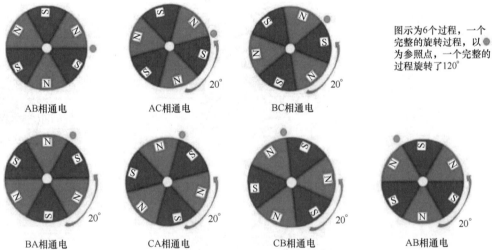

图 3.27　不同通电状态的转动过程

(6) 外转子无刷电机

在介绍了内转子无刷电机的结构基础上，以下将介绍外转子无刷电机。其区别就在于，外转子电机将原来处于中心位置的磁钢做成若干片，贴到了外壳上，电机运行时，是整个外壳在转，而中间的线圈定子不动。外转子无刷电机较内转子无刷电机来说，转子的转动惯量要大很多（因为转子的主要质量都集中在外壳上），所以转速较内转子电机要慢，通常 KV值在几百到几千之间。

无刷电机 KV 值定义为输入电压每增加 1V，无刷电机空转转速增加的转速值。比如说，标称值为 1000kV 的外转子无刷电机，在 11V 的电压条件下，最大空载转速即为11000r/min。

同系列同外形尺寸的无刷电机，根据绕线匝数的多少，会表现出不同的 KV 值特性。绕线匝数多的，KV 值低，最高输出电流小，扭力大；绕线匝数少的，KV 值高，最高输出电流大，扭力小。例如，穿越机 2204 电机的单电机最大电流能达到 25A，而 2212 系列电机的最大电流不足 15A。

外转子无刷电机的结构如图 3.28 所示。

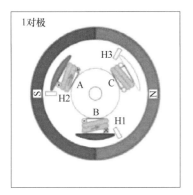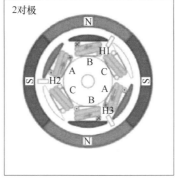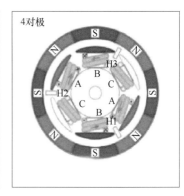

图 3.28　外转子无刷电机的结构

外转子无刷直流电机的分析方法也和内转子无刷直流电机类似。根据右手螺旋定则判断线圈的 N/S 极，转子永磁体的 N 极与定子绕组的 S 极有对齐（吸引）的趋势，转子永磁体的 S 极与定子绕组的 N 极有对齐（吸引）的趋势，从而驱动电机转动。

以下，将对经典 2212 无刷电机结构进行分析。该电机的结构如下：定子绕组固定在底座上，转轴和外壳固定在一起形成转子，插入定子中间的轴承。该电机的线圈拆解图如图 3.29 所示。

图 3.29　2212 无刷电机线圈拆解图

12 绕组 14 极的无刷电机绕组绕发图，如图 3.30 所示。

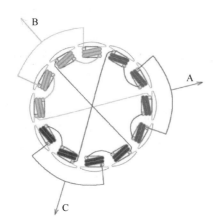

图 3.30　12 绕组 14 极（即 7 对极）的电机绕组绕发图

外转子无刷电机中的 6 种两相通电过程如图 3.31（a）～（f）所示。

由图 3.31 可以看出，尽管绕组和磁极的数量可以有许多种变化，但从电调控制的角度看，其通电次序其实是相同的，也就是说，不管外转子还是内转子电机，都遵循 AB→AC→BC→BA→CA→CB 的顺序进行通电换相。如果想让电机反转，电子联结方法是按倒过来的次序通电；以物理方法直接对调任意两根线，假设 A 和 B 对调，那么顺序就是 BA→BC→AC→AB→CB→CA。此时，顺序就完全倒过来了。

由于每根引出线同时接入两个绕组，所以电流是分两路走的。这里为使问题尽量简单化，在图 3.31 中只画出了主要一路的电流方向，还有一路电流未画出。

(7) 无刷电机中的关键参数

① 额定电压：无刷电机适合的工作电压。其实无刷电机适合的工作电压非常广，额定电压是指定了负载条件而得出的情况。例如，2212-850KV 电机指定了 1045 规格的螺旋桨的负载，其额定电压就是 11V。如果减小负载，例如带 7040 规格的螺旋桨，那这个电机完全可以工作在 22V 电压下。但是这个工作电压也不是无限上升的，主要受制于电子控制器支持的最高频率。所以说，额定电压是由工作环境决定的。

② KV 值：有刷电机是根据额定电压来标注额定转速的，无刷电机引入了 KV 值的概念，而让用户可以直观地知道无刷电机在具体的工作电压下的具体转速。实际转速＝KV 值×工作电压，这就是 KV 值的实际意义，即在 1V 工作电压下的转速。无刷直流电机的转速与电压成正比关系，电机的转速会随着电压上升而线性上升。例如，2212-850KV 电机在 10V 电压下的转速就是：850×10＝8500r/min。

③ 转矩（转动力矩）：电机中转子产生的可以用来带动机械负载的驱动力矩，可以理解为电机的力量。

④ 转速：电机的转速，单位一般用 r/min。

⑤ 最大电流：电机能够承受并安全工作的最大电流。

⑥ 最大功率：电机能够承受并安全工作的最大功率，功率＝电压×电流。

⑦ 无刷电机功率和效率：电机输出功率＝转速×转矩，在同等的功率下，转矩和转速

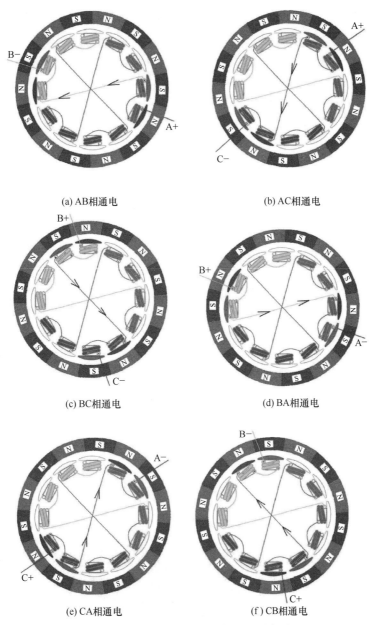

图 3.31 外转子电机的两相通电示意图

是一个此消彼长的关系，即同一个电机的转速越高，其转矩必定越低。不可能要求电机的转速更高，转矩也更高，这个规律通用于所有电机。例如：2212-850KV 电机，在 11V 的情况下可以带动 1045 规格的桨叶，如果将电压上升一倍，其转速也提高一倍。如果此时负载仍然是 1045 规格的桨叶，那该电机将很快因为电流和温度的急剧上升而烧毁。

　　每个电机都有自己的功率上限，最大功率就是这个上限，如果工作时超过了这个最大功率，就会导致电机高温烧毁。当然，这个最大功率也是指定了工作电压情况下得出的，如果是在更高的工作电压下，合理的最大功率也将提高。导体的发热量与电流的平方是正比关系，在更高的电压下，如果是同样的功率，电流将下降导致发热减少，使得输出转矩增加。这也解释了为什么在专业的航拍无人机上，大量使用 22.2V 甚至 30V 电池来驱动多轴无人机，高压下的无刷电机，电流小、发热少、效率更高。

在电机外转子直径、KV 值都一样的情况下，依据转矩与电流的平方成正比的原则，KV 值越高的电机功率越大，功率越大的电机能够带动的负载越大。选择多轴电机，必须选择合适功率的电机以及与其搭配的螺旋桨，让电机工作在相对轻松的状态，一般来说悬停时工作功率是最大功率的 30％～45％ 比较好。

⑧ 无刷电机电压与效率的关系。功率和发热量的公式如下：

$$功率＝电压×电流 \tag{3.1}$$

$$发热量＝电流的平方×电阻 \tag{3.2}$$

由式（3.1）、式（3.2）得出两个结论：在相同功率下，电压越高则电流越小；在相同功率下，电压越高则发热量越小。同一个无人机，使用的电压越高，电流越小并且发热越少，效率越高。

电动无人机主要是依靠电池进行驱动的。目前，大部分无人机采用的电池是锂电池。锂电池的片数取决于电池的大小。实际使用中，应尽量避免大机型用低压电池，那样会造成工作电流相对高一些，从而使功耗较大。同时，也要避免小型无人机用高压电池，那样电池的重量太大。

⑨ 无刷电机的磁极对数。磁场的旋转速度又称同步转速，它与三相电流的频率和磁极对数 p 有关。若定子绕组在任一时刻合成的磁场只有一对磁极（磁极对数 $p＝1$），即只有两个磁极，对只有一对磁极的旋转磁场而言，三相电流变化一周，合成磁场也随之旋转一周；如果是 50Hz 的交流电，旋转磁场的同步转速就是 50r/s 或 3000r/min。在工程技术中，常用 r/min 来作为转速单位。如果定子绕组合成的磁场有两对磁极（磁极对数 $p＝2$），即有四个磁极，可以证明，电流变化一个周期，合成磁场在空间旋转 180°，由此可以推广得出：p 对磁极旋转磁场每分钟的同步转速为 $n＝60f/p$（f 为频率）。

当磁极对数一定时，如果改变交流电的频率，则可改变旋转磁场的同步转速，这就是变频调速的基本原理。由于电机的磁极是成对出现的，所以也常用极对数表示（图 3.32）。

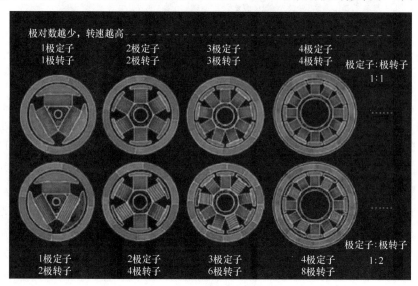

图 3.32　无刷电机的磁极对数

⑩ 无刷电机的磁铁。无刷电机主要采用钕铁硼磁铁。无刷电机属于永磁电机，而永磁电机的功率、特点等特性完全取决于磁铁。磁铁的体积与牌号决定了电机的最大功率。

磁铁具有形状上的差异，如图 3.33 所示。

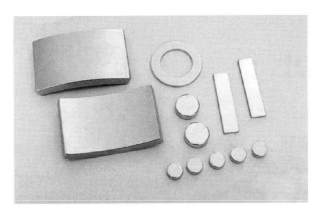

图 3.33　无刷电机的磁铁

方片形的磁铁加工简单，价格相对便宜。而很多品牌电机选择了弧形磁铁，弧形可以保证磁铁和硅钢片的气隙一直保持一致，在功率上和效率方面通常会比方形磁铁的性能好。

⑪ 无刷电机的硅钢片（图 3.34）。空气是弱导磁的，但铁是导磁的，硅钢片的作用就是把磁铁的磁路引导过来并形成回路，这就需要电机磁阻比较小。

图 3.34　无刷电机的硅钢片

为什么定子上面都是一片一片构成的呢？因为硅钢片处在电机的旋转磁场中，会产生涡流损耗而发热。因此，解决的办法就是往钢里添加硅并且做成薄片，理论上越薄的硅钢片产生的涡流损耗就越小。

(8) 无刷电机使用与保养

在使用无刷电机时需要注意以下几点：

① 在拆卸前，要用压缩空气吹净电机表面灰尘，并将表面污垢擦拭干净。

② 选择电机解体的工作地点，清理现场环境。

③ 熟悉电机结构特点和检修技术要求。

④ 准备好解体所需工具（包括专用工具）和设备。

⑤ 为了进一步了解电机运行中的缺陷，有条件时可在拆卸前做一次检查试验。为此，将电机带上负载试转，详细检查电机各部分温度、声音、振动等情况。

3.2.3 有刷电机

(1) 有刷电机原理

有刷电机的原理如图 3.35 所示。以下，通过磁回路分析法来进行分析。

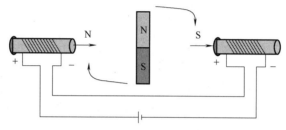

图 3.35 有刷电机原理

① 状态 1。当两头的线圈通上电流时，根据右手螺旋定则，会产生方向指向右的外加磁感应强度（如粗箭头方向所示），而中间的转子会尽量使自己内部的磁感线方向与外磁感线方向保持一致，以形成一个最短闭合磁力线回路，这样内转子就会按顺时针方向旋转了。

当转子磁场方向与外部磁场方向垂直时，转子所受的转动力矩最大。在转子磁场与外部磁场方向一致时，转子所受磁力最大，但此时转子呈水平状态，力臂为 0，也就不会转动了。

当转子转到水平位置时，虽然不再受到转动力矩的作用，但由于惯性原因，还会继续顺时针转动，这时若改变两头螺线管的电流方向，转子就会继续顺时针向前转动，如图 3.36 所示。

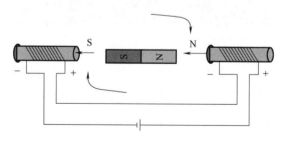

图 3.36 转子顺时针转动状态图

② 状态 2。如此不断改变两头螺线管的电流方向，内转子就会不停地转起来。改变电流方向的这一动作，就叫作换相。换相时间只与转子的位置有关，而与其他任何量无直接关系。

（2）有刷电机的优缺点

有刷电机具有低速扭力性能优异、转矩大等性能特点，是无刷电机不可替代的。然而，有刷电机具有如下缺点：

① 摩擦大，损耗大。有刷电机使用一段时间以后，需要打开电机来清理电机的碳刷，费时费力，维护强度不亚于来一次家庭大扫除。

② 发热多，寿命短。由于有刷电机的结构原因，电刷和换向器的接触电阻很大，造成电机整体电阻较大，容易发热。而永磁体是热敏元件，如果温度太高的话，磁钢是会退磁的，使电机性能下降，影响有刷电机的寿命。

③ 效率低，输出功率小。有刷电机发热问题，很大程度是因为电流做功在电机内部电阻上了，电能有很大程度转化为了热能，所以有刷电机的输出功率不大，效率也不高。

无刷电机相对于有刷电机具有一定的优势。从无刷电机的使用方便性来看，随着无刷控制器成本的下降和国内外无刷技术的发展与市场竞争，无刷动力系统正处于高速的发展与普及阶段，这也极大促进了无人机的发展。

3.3 燃油类发动机

（1）活塞式航空发动机

活塞式航空发动机，是指提供航空器飞行动力的往复式内燃机。常见的活塞式发动机有二冲程和四冲程两种。它主要由曲轴、连杆、活塞、气缸、分气机构和机匣等部件组成。有的发动机前部装设减速器以降低输出轴的转速。大多数发动机在机匣后部装有增压器以提高发动机高空性能。从 1903 年世界第一架飞机到第二次世界大战末期，所有飞机都用活塞式航空发动机作为动力装置。20 世纪 40 年代中期以后，在军用飞机和大型民用飞机上燃气涡轮发动机逐步取代了活塞式航空发动机，但小功率活塞式航空发动机比燃气涡轮发动机经济，在轻型低速飞机上仍得到应用。目前，在工业级无人机中，普遍使用二冲程单缸发动机和二冲程双缸直列发动机，也有部分无人机采用四冲程发动机。图 3.37 所示是小型无人机中常用的二冲程单缸发动机和二冲程双缸直列发动机。

按气缸的冷却方式，发动机分为液冷式和气冷式两种。早期飞机的飞行速度很低，多采用液冷式发动机。随着飞行速度的提高，可以利用高速气流直接冷却气缸，气冷式发动机遂得到广泛应用。发动机按气缸排列形式又分为星形和直列式。星形发动机气缸以曲轴为中心沿机匣向外呈辐射状均匀排列，有单排和双排等形式。直列式发动机气缸沿机匣前后成行排列，尺寸紧凑，稳定性高。V 形发动机，将所有气缸分成两组，把相邻气缸以一定夹角排列，使两组气缸形成一个有夹角的平面。V 形发动机一般采用纵置布局。

活塞式航空发动机的性能通常用转速特性、螺旋桨特性和高度特性表示。油门全开或进气压力维持不变时，发动机的功率和耗油率随转速的变化关系称为转速特性，又称外部特性。在发动机上安装定距螺旋桨时，发动机功率和耗油率随转速的变化关系称为螺旋桨特

(a) 二冲程单缸发动机

(b) 二冲程双缸直列发动机

图 3.37　二冲程活塞式发动机

性。这时转速的改变是靠控制油门杆实现的。发动机转速不变时，功率和耗油率随飞行高度的变化关系称为高度特性。由于有增压器对吸入空气增压，在某一高度以下可保持进气压力恒定，而大气温度又随高度增加而下降，所以在此高度以下发动机的功率仍随高度增加而略有增加，这个高度称为额定高度。在额定高度以上发动机功率随高度增加而下降。

（2）喷气式航空发动机

喷气式航空发动机，是指靠喷管高速喷出的气流直接产生反作用推力的发动机。它广泛用作飞行器的动力装置。燃料和氧化剂在燃烧室内发生化学反应而释放热能。然后，热能在喷管中转化为调整气流的动能。除燃料外，氧化剂由飞行器携带的称为火箭发动机，包括固体燃料火箭发动机和液体燃料火箭发动机。它的特点是能在大气层外工作。不携带氧化剂而从大气中吸取空气作为氧化剂的称为"空气喷气发动机"，包括冲压发动机、脉冲发动机、涡轮喷气发动机和涡轮风扇发动机。在现代航空运输飞机上使用最多的空气喷气发动机是涡轮风扇发动机。特点是推力大、噪声小和耗油率低。

（3）发动机系统组成

发动机除主要部件外，还需要有其他相关系统与之相互配合才能工作，主要有进气系统、燃油系统、点火系统、冷却系统、启动系统、散热系统等。

进气系统：为燃烧做功提供燃料和清洁空气并使之混合然后输送到气缸内。进气系统内常装有增压器，作用是增大进气压力。

燃油系统：由油箱、油泵、汽化器或燃料喷射装置等组成。燃油系统的作用是为发动机持续不断提供洁净燃油。燃料泵将汽油压入汽化器，汽油在此雾化并与空气混合进入气缸。

点火系统：用于点燃式发动机，点燃空气和燃油的混合气体。点火系统由磁电机产生的高压电在规定的时间产生电火花，将气缸内的混合气体点燃。

冷却系统：将燃料燃烧时产生的热量散发出去，以保证发动机的正常工作。发动机内燃料燃烧时产生的热量除转化为动能使活塞运动和排出废气带走部分内能外，还有很大一部分传给了气缸壁和其他有关机件。

启动系统：发动机由静止到工作需要外力转动曲轴，使活塞开始往复运动直到工作循环能够自动进行，这个过程叫作发动机的启动。

散热系统：为了使发动机产生的热量能及时排出，在合适的温度工作，必须对气缸和气缸盖进行适当的冷却。冷却方法有两种，一种是水冷，另一种是风冷。水冷发动机的气缸周围和气缸盖中都加工有冷却水套，并且气缸体和气缸盖冷却水套相通，冷却水在水套内不断循环，带走部分热量，对气缸和气缸盖起冷却作用。

3.3.1　二冲程发动机

二冲程发动机工作原理如图 3.38 所示。

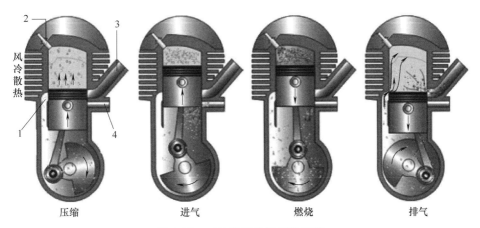

图 3.38　二冲程发动机工作原理
1—扫气孔；2—火花塞；3—排气孔；4—进气孔

发动机完成两个行程作为一个完整工作循环。压缩、进气、燃烧和排气这四个步骤是曲轴旋转一圈完成的，且曲轴每旋转一圈对外做一次功。二冲程发动机的进气孔和排气孔设置在缸体上，活塞的上下移动就能打开或关闭气孔，实现进气和排气。而四冲程发动机则是由相应的驱动机构定时地打开或者关闭进气门和排气门。

3.3.2　四冲程发动机

四冲程发动机工作原理如图 3.39 所示。

活塞式航空发动机由汽车的活塞式发动机发展而来。在四冲程发动机中，活塞在气缸内要经过四个冲程，依次是进气冲程、压缩冲程、做功冲程和排气冲程。发动机除主要部件外，还须有若干辅助系统与之配合才能工作。

3.3.3　燃气涡轮发动机

燃气涡轮发动机的结构如图 3.40 所示。

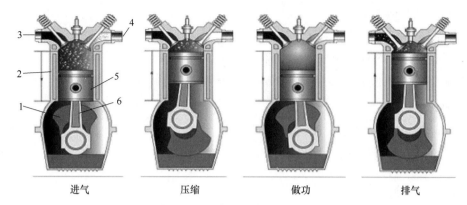

图 3.39　四冲程发动机工作原理

1—平衡重；2—气缸；3—排气孔；4—进气孔；5—活塞；6—连杆

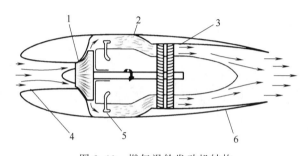

图 3.40　燃气涡轮发动机结构

1—压气机；2—燃烧室；3—涡轮机；4—进气道；5—喷油嘴；6—尾喷管

　　燃气涡轮发动机主要由进气道、压气机、燃烧室、涡轮机和尾喷管五个部分组成。其中，压气机、燃烧室、涡轮是发动机的核心组成部分，称为"核心机"。

　　当空气进入进气道后，流经压气机时，压气机对气体做功，气体变成高温高压气体，进入燃烧室与燃油混合燃烧成为具有很高能量的高温高压燃气。燃气流过涡轮时驱动涡轮旋转，从而带动压气机工作，最后从涡轮中流出的温度和压力都下降但速度增大的燃气在尾喷管中继续膨胀，以高速沿发动机轴向从尾喷管向后排出。

　　此外，还有涡轮螺旋桨发动机、涡轮轴发动机等。

📖 **本章小结**

　　本章对无人机的动力系统进行了阐述，依次介绍了无刷直流电机和有刷直流电机的基本结构及其工作原理，最后阐述了燃油类发动机的分类和基本工作原理。本章的学习内容，将为无人机动力系统的选择提供一定的参考。

📋 **课后习题**

1. 填空题

（1）直流无刷电机的动力系统由转子、（　　　　）和位置传感器三部分组成。

（2）电动机是把电能转化为（　　　）的一种设备。

（3）电动机按照使用电源不同，可以分为直流电动机和（　　　）。

（4）无刷电机需要通过（　　　）的控制，才能实现连续不断的运转。

（5）位置传感器通常包括磁敏式、（　　　）和电磁式三种。

（6）按气缸的冷却方式，发动机分为液冷式和（　　　）两种。

（7）发动机需要和进气系统、（　　　）、点火系统、冷却系统、启动系统和散热系统等其他相关系统相互配合才能正常工作。

2. 判断题（对的在括号里打"√"，错的打"×"）

（1）无刷电机的 KV 值，是指输入电压每增加 1V，无刷电机的空转转速增加的转速值。（　　　）

（2）每个电机都有自己的功率上限，工作时若超过最大功率，容易导致电机高温烧毁。（　　　）

（3）活塞式航空发动机的性能通常用转速特性、螺旋桨特性和高度特性表示。（　　　）

（4）喷气式航空发动机，通常是指依靠喷管高速喷出的气流直接产生反作用推力的发动机。（　　　）

（5）在相同功率下，无刷电机的电压越高，电流越小，发热量越小，电机的工作效率越高。（　　　）

3. 简答题

（1）简要比较有刷电机和无刷电机各自的优缺点。

（2）简述无刷电机在使用和保养中的注意事项。

（3）简要介绍四冲程燃油发动机的基本工作原理。

第**4**章

无人机航电系统

【学习目标】

① 掌握无人机导航系统的基本知识；

② 理解飞控系统和地面站的组成和基本调参方法；

③ 掌握无人机起飞前的安全检查内容；

④ 了解无线通信的频段划分和数据加密传输方法；

⑤ 培养信息安全意识，提升国家安全素养。

4.1 导航系统

无人机航电系统中，导航系统是其中的重要组件。通常，在无人机中会同时使用多个导航系统，因为单独使用一般不能满足使用需求。而两种或两种以上的非相似导航系统对统一导航信息作测量并解算出状态信息，可以有效地减少测量误差并进行校正。因为惯性导航和 GPS 导航在性能上形成互补，所以通常采用惯性导航＋GPS 导航的组合方式对无人机的机载导航系统进行设计，以实现好的导航性能。

无人机的组合导航组件，包括组合导航算法和传感器两部分。

(1) 组合导航算法

在组合导航算法中，通常采用回路反馈法和最优估计法。

① 回路反馈法。回路反馈法采用经典的回路控制方法来抑制系统误差，使各个子系统同时实现性能互补。比如我们常见的利用加速度计和陀螺仪测量信息设计互补滤波，解算姿态角的方法就属于此类。

② 最优估计法。最优估计法指的是采用卡尔曼滤波或者维纳滤波，从概率统计最优的角度估计出系统误差并进行消除的方法。

上述两种算法都是将各系统的信息互相渗透、有机结合，从而起到性能互补的作用。然而，通常各个子系统的误差源和测量误差都是随机的，所以最优估计的方法一般要优于回路反馈法。目前，设计组合导航时主流采用的都是卡尔曼滤波的方法。

(2) 组合导航传感器组件

组合导航系统的基础是传感器，导航算法的设计输入是传感器测量的数据，所以在开始进行导航系统的硬件设计之前，应该先了解清楚无人机上常用的传感器以及这些传感器的测量原理。无人机常用导航方式是惯性导航＋GPS 导航，所以无人机上的常用传感器也是围绕这两者展开的。

惯性导航传感器一般包括加速度计、陀螺仪、磁力计，它与 GPS 模块一起构成了机载导航传感器的主体。除此之外，在组合导航中，通常还包括超声波测距传感器、激光测距传感器、空速计、气压计、视觉传感器等。

① 加速度计。加速度计是一种惯性传感器（图 4.1），能够测量无人机在 X、Y、Z 三轴方向所承受的加速度，通常也可以配合陀螺仪一同测量无人机的三轴姿态。加速度计的缺点是信号受振动影响大，所以在无人机上使用时需要进行减振处理，在数据获取后也会进行滤波。

图 4.1　加速度计

当无人机静止时，加速度计测得的就是重力加速度，所以在实际使用时，需要去掉重力加速度的值。一般情况下，加速度计的测量原理可以看成是一个"弹簧-质量"模型，而实际上加速度计的测量是基于压阻效应、压电效应等，这些效应产生的力正比于电阻、电压和电容值，再通过相应的放大电路和滤波电路进行输出。

此外，当作用在无人机上的外力远小于重力时，加速度计还可以用来测量姿态角。因为当无人机倾斜时，加速度计在体轴系下测得的各项加速度大小跟无人机的姿态角以及重力加速度的值有关，而重力加速度的值已知，就可以根据三轴加速度的大小来计算出无人机的姿态信息（航向除外）。

② 陀螺仪（图 4.2）。陀螺仪的种类繁多，有 MEMS 陀螺仪、压电陀螺仪、激光陀螺仪、光纤陀螺仪等，不同的陀螺仪价格差别很大。通常，小型无人机上使用的是 MEMS 陀螺仪，它是基于科里奥利力的工作原理。科里奥利力是直线运动的物体相对于自身所处的旋转坐标系产生的一种惯性力，因为科里奥利力正比于旋转角速度，所以可以根据科里奥利力产生的电容变化计算出相应的角速度。

陀螺仪传感器能监测三轴的角速度，因此在导航系统中存在非常重要的作用，一般用于姿态角的解算。但是由于角速度积分得到的角度随时间漂移严重，所以单一的陀螺仪无法计算出准确的角度值，通常需要配合加速度计一起使用。

图 4.2　陀螺仪

③ 磁力计。磁力计利用各向异性磁致电阻或者霍尔效应来测量空间中的磁感应强度（图 4.3）。根据洛伦兹力原理，电磁场的强度变化会产生洛伦兹力的变化，从而改变电路中的电容大小。

图 4.3　磁力计

磁力计一般不会单独使用，通常是配合加速度计和陀螺仪一同解算姿态角的大小。如果无人机飞行时跨越区域很大，由于地球各地磁场强度的不同，会影响磁力计的正常使用，所以很多时候会使用双 GPS 的方式来测量航向信息。

此外，磁力计对于硬铁、软铁等永磁性物质都非常敏感。周围磁场的变化对磁力计的使用都会产生影响。磁力计是无人机传感器中最容易受到干扰的传感器。在调试无人机时也经常会遇到航向产生漂移的情况，大多数都是跟磁力计工作不正常有关。所以如果有更好的测量航向的方法，设计人员也会选择不安装磁力计。

④ GPS 模块。GPS 模块是无人机导航定位的重要模块（图 4.4）。GPS 卫星会实时广播它们的位置和时间信息，此时，地面的 GPS 接收机就会收到它们的信息，当连接的卫星数量大于或等于 4 颗时就可以产生定位信息了。

图 4.4　GPS 模块

从理论上来说，以地面点的三维坐标（N，E，H）为待定参数，只需要测出 3 颗卫星到地面点的距离就可以确定该点的三维坐标了。但是，卫地距离是通过信号的传播时间差 Δt 乘以信号的传播速度 v 而得到的。其中，信号的传播速度 v 接近于光速，量值非常大。因此，这就要求对时间差 Δt 进行非常准确的测定，如果稍有偏差，测得的卫地距离就会偏差很大。而时间差 Δt 是通过将卫星处测得的信号发射时间与接收机处测得的信号接收时间求差得到的。其中，卫星上安置的原子钟，稳定度非常高，通常认为星上原子钟的时间与 GPS 时吻合；接收机处的时钟是石英钟，稳定度一般，它的时钟时间与 GPS 时存在时间同步误差，需要将这种误差作为一个待定参数。这样，对于每个地面点的解算就有 4 个待定参数，因此至少需要观测 4 颗卫星至地面点的卫地距离数据。

GPS 接收模块需要在开阔的空间中才能正常使用，当 GPS 接收模块进入桥梁和隧道时 GPS 信号就会丢失。所以，在使用 GPS 接收模块时应该尽量在无遮挡的区域。现在无人机上的 GPS 接收模块在某些特定环境下使用时为了增加测量精度，会使用伪距差分和 RTK 等增强手段，这些方法可以显著提升无人机的定位精度。

⑤ 气压计。气压计（图 4.5）运作的原理，就是利用大气压力换算出高度。气压计也是容易受外界干扰的一种传感器，当温度发生变化时，气压也会发生变化。此外，无人机上旋

图 4.5　气压计

翼工作产生的气流通常也会影响气压计的测量。所以，如果安装了超声波或者激光测距传感器等相对高度传感器，可以使用超声波/激光测距仪＋GPS高度的方式替代使用气压计的方式。

⑥ 超声波传感器。超声波是一种超出人耳听觉频率上限的声波，由于具有良好的方向性和强大的穿透性，被广泛用于测距和测速。超声波的信号由超声波传感器（图 4.6）发出，被物体反射后再经由另一台超声波传感器接收。所以超声波传感器与被测物体的距离就是声波的传播速度与时间间隔乘积的一半。超声波传感器的价格普遍比较便宜，但是由于声波传输速度慢，所以超声波传感器的数据更新频率相对较低，同时测量范围小，这些都是超声波传感器的缺点。

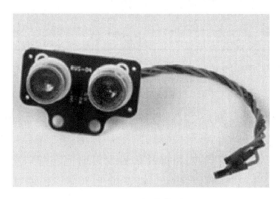

图 4.6　超声波传感器

⑦ 激光测距传感器。激光测距传感器（图 4.7）的原理基本跟超声波传感器一致，只不过发射的信号不同。激光测距传感器发射的是激光，其传播速度是光速。所以，激光测距传感器在信号频率上比超声波传感器要高很多，价格上也比超声波传感器要高一个数量级。其缺点也很明显：价格昂贵，测量范围小，具备扫描功能的激光测距仪价格则更高。

图 4.7　激光测距传感器

⑧ 视觉传感器。视觉传感器（图 4.8）使用摄像头来获取图像信息，然后根据图像信息确定目标或者无人机相对于目标的位置和速度等状态信息。对视觉传感器而言，更重要的是后期处理算法，尤其是最近几年深度学习算法的发展给视觉传感器在无人机上的应用带来了新的生机。最近很多关于无人机的研究都是基于视觉进行的，如基于视觉的目标跟踪、避

图 4.8　视觉传感器

障、定位等。

⑨ 空速计。空速计（图 4.9）一般在固定翼无人机上使用较多，因为固定翼无人机的各类状态都跟空速息息相关，如升力、失速速度等。空速计的测量原理是通过测量气流的总压和静压，根据伯努利定理确定气流的动压，再计算出空速。

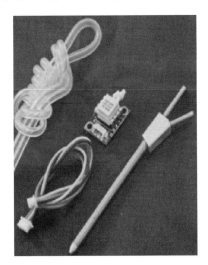

图 4.9　空速计

对于机载常用传感器，通常只需要了解其基本原理。在使用它们测量相应数据时都可以根据传感器厂商提供的文档进行驱动的编写。所以，如何进行传感器数据的融合、如何解算出无人机的飞行状态是需要不断试验和探索的内容。

4.1.1　惯性导航

惯性导航系统是一种利用惯性敏感器件、基准方向及最初的位置信息来确定运载体在惯性空间中的位置、方向和速度的自主式导航系统，有时也简称为惯导。其工作环境不仅包括空中、地面，还可以在水下。

惯性导航与人的行进类似。例如，你知道自己的初始位置，知道自己的初始朝向，知道自己每一时刻如何改变了朝向，知道自己每一时刻相对朝向是怎样走的，把这些加一起不停地推，走一步推一步，在不考虑各种误差时，得出的结果就应该正好是你现在的朝向和位置。

惯性导航系统至少需要包括含有加速度计、陀螺仪等的惯性测量单元和用于推理的计算单元两大部分。

对于一个笛卡尔坐标系，具有 X 轴、Y 轴和 Z 轴，传感器能够测量各轴方向的线性运动，以及围绕各轴的旋转运动。这就是所有惯性测量单元的根本出发点，所有惯性导航系统都是据此而构建的。

加速度计在惯性参照系中用于测量系统的线加速度，但只能测量相对于系统运动方向的加速度（由于加速度计与系统固定并随系统转动，不知道自身的方向）。可以通过对加速度进行解算，求得角速度，但由于精度不高，不具有很好的使用价值。但是加速度计可以辅助陀螺仪进行角度解算。

陀螺仪在惯性参照系中用于测量系统的角速度。通过以惯性参照系中系统初始方位作为初始条件，对角速度进行积分，就可以时刻得到系统的当前方向。

当加速度传感器完全水平的时候，重力传感器无法分辨出在水平面旋转的角度，即绕 Z 轴的旋转无法显示出来，需要陀螺仪进行检测。陀螺仪虽然动态测量十分快速，但由于其工作原理是积分，所以在静态时会有累积误差，表现为角度会一直增加或者一直减少。于是我们会需要一个在水平位置能确认朝向的传感器，即地磁场传感器。通过加速度传感器、陀螺仪、地磁场传感器的相互校正，就可以得到比较准确的姿态参数了。

每个传感器都有自己的优点和缺点，相互配合，取长补短才能达到比较好的导航效果。

惯性导航系统的计算单元主要由三部分组成：姿态解算单元、积分单元和误差补偿单元。姿态就是指载体的俯仰、横滚、航向情况，是用来描述一个刚体的固连坐标系和参考坐标系之间的角位置关系。姿态解算单元的主要任务是负责将测量得到的惯性数据由载体自身的坐标系转换到地球坐标系。积分单元负责在系统所提供初始位置及速度的基础上，对运动传感器的信息进行整合计算，不断更新当前位置及速度。误差补偿单元负责对积分单元的输出进行适当的修正，提高定位和姿态精度。

在实际应用惯性导航的时候，惯性测量器件是直接安装在运动载体上的，因此惯性器件测得的角速度和加速度的数值都是在载体运动坐标系下的数值。而在实际的操控过程中是在一个静止的坐标空间中来衡量这些被测数值的，所以这里涉及不同坐标系之间的相互转换问题。

姿态解算是指根据惯性测量单元的数据求解出姿态。载体根据陀螺仪的三轴角速度对时间积分得到俯仰、横滚、航向角，这是快速解算。快速解算得到的姿态是存在误差的，而且误差会累加，如果再结合三轴地磁和三轴加速度数据进行校正，得到准确的姿态，这就是深度解算。

姿态解算是惯性导航系统数据分析的第一步，加速度积分以及位置计算是第二步，且必须在第一步之后完成。首先，根据姿态解算得到的姿态矩阵，将载体坐标系下的加速度转换为地球坐标系下的三轴加速度。然后，在给定初始位置的基础上，对输出的加速度关于时间进行积分，得到速度。最后，对速度关于时间再次积分，得到位置。

在惯性导航系统中存在不可消除的位置积分误差和传感器误差，在导航过程中，小误差会随时间累积成大误差，其误差大体上与时间成正比，因此需要不断进行修正。现代惯性导航系统使用各种信号（例如全球定位系统及磁罗盘等）对其进行修正，采取控制论原理对不同信号进行权级过滤，保证惯性导航系统的精度及可靠性。

误差补偿算法是惯性导航系统中不可或缺的一部分。为了解决上述误差累积问题，可以考虑设计滤波环节，算法的输入分别为姿态角和位置值，输出为最优估计姿态角和位置值。常用的滤波算法包括：卡尔曼滤波算法、UKF 滤波 、平方根无迹卡尔曼滤波（SRUKF）算法等。

目前，很多工业级无人机，都开始逐步采用惯性导航系统与其他类型的导航系统组合的导航方式。

4.1.2　卫星定位导航

卫星定位导航系统的基本原理是测量出已知位置的卫星到用户接收机之间的距离，然后综合多颗卫星的数据就可知道接收机的具体位置。要达到这一目的，卫星的位置可以根据星载时钟所记录的时间在卫星星历中查出。国际上普遍采用的卫星导航系统有"北斗"、GPS、"伽利略"、GLONASS 等四类。

根据选择的导航卫星接收模块采集的定位数据，用户到卫星的距离可以通过记录卫星信号传播到用户所经历的时间，再将其乘以光速得到。由于大气层中电离层的干扰，这一距离并不是用户与卫星之间的真实距离，而是伪距（PR）：当 GPS 卫星正常工作时，会不断地用 1 和 0 二进制码元组成的伪随机码（简称伪码）发射导航电文。GPS 系统使用的伪码一共有两种，分别是民用的 C/A 码和军用的 P（Y）码。C/A 码频率 1.023MHz，重复周期 1ms，码间距 1μs，相当于 300m；P 码频率 10.23MHz，重复周期 266.4d，码间距 0.1μs，相当于 30m。而 Y 码是在 P 码的基础上形成的，保密性能更佳。

导航电文包括卫星星历、工作状况、时钟改正、电离层时延修正、大气折射修正等信息。它是从卫星信号中解调出来，以 50bit/s 调制在载频上发射的。导航电文每个主帧中包含 5 个子帧，每帧长 6s。前三帧各 10 个字码，每 30s 重复一次，每小时更新一次。导航电文中的内容主要有遥测码、转换码和第 1、2、3 数据块，其中最重要的则为星历数据。当用户接收到导航电文时，提取出卫星时间并将其与自己的时钟做对比便可得知卫星与用户的距离，再利用导航电文中的卫星星历数据推算出卫星发射电文时所处的位置，用户在 WGS-84 大地坐标系中的位置、速度等信息便可计算出来了。

卫星导航系统中的 GPS 卫星的作用就是不断地发射导航电文。然而，由于用户接收机使用的时钟与卫星星载时钟不可能总是同步，所以除了用户的三维坐标 X、Y、Z 外，还要引进一个 Δt 即卫星与接收机之间的时间差作为未知数，然后用 4 个方程将这 4 个未知数解出来。

GPS 接收机是接收全球定位系统卫星信号并确定地面空间位置的仪器。根据使用目的的不同，用户要求的 GPS 接收机各有差异。在无人机航电系统中，用户可选择导航型 GPS 接收机模块，接收广播星历，实时计算无人机的位置和速度。

GPS 接收机通过对码的量测就可得到卫星到接收机的距离，由于含有接收机卫星钟的误差及大气传播误差，故称为伪距。对 C/A 码测得的伪距称为 C/A 码伪距，精度约为 20m；对 P 码测得的伪距称为 P 码伪距，精度约为 2m。

GPS 接收机对收到的卫星信号，进行解码或采用其他技术，将调制在载波上的信息去掉后，就可以恢复载波。严格而言，载波相位应被称为载波拍频相位，它是收到的受多普勒频移影响的卫星信号载波相位与接收机本机振荡产生的信号相位之差。一般在接收机中确定的历元时刻量测，保持对卫星信号的跟踪，就可记录下相位的变化值。但开始观测时的接收机和卫星振荡器的相位初值是不知道的，起始历元的相位整数，即整周模糊度也是不知道的，只能在数据处理中作为参数解算。相位观测值的精度高至毫米，但前提是解出整周模糊度。因此，只有在相对定位并有一段连续观测值时才能使用相位观测值，而要达到优于米级的定位精度也只能采用相位观测值。

按定位方式，GPS 定位分为单点定位和相对定位（差分定位）。单点定位就是根据一台接收机的观测数据来确定接收机位置的方式，它只能采用伪距观测值，可用于车、船等的概略导航定位。相对定位（差分定位）是根据两台以上接收机的观测数据来确定观测点之间的相对位置的方法，它既可采用伪距观测值也可采用相位观测值，大地测量或工程测量均应采用相位观测值进行相对定位。

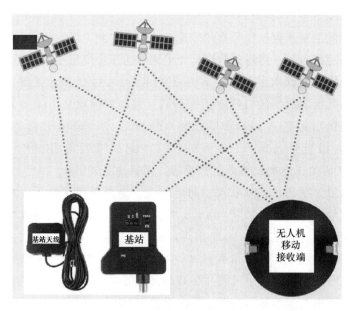

图 4.10　无人机差分定位

由图 4.10 可知，在无人机差分定位的硬件组成中，包括基站、基站天线以及无人机移动接收端。通过差分定位，无人机能够获得精度更高的定位数据。

在 GPS 观测量中包含了卫星和接收机的钟差、大气传播延迟、多路径效应等误差，在定位计算时还要受到卫星广播星历误差的影响，而进行相对定位时大部分公共误差被抵消或削弱，因此定位精度将大大提高。双频接收机可以根据两个频率的观测量抵消大气中电离层误差的主要部分，在精度要求高、接收机间距离较远时（大气有明显差别），应选用双频接收机。

4.1.3 无线电定位导航

卫星信号在室内会被严重遮挡和干扰，从而导致 GPS 或是北斗卫星无法发送定位数据。所以，在室内定位主要采用无线通信、基站定位、惯导（惯性导航）定位等多种技术集成形成一套室内位置定位体系，从而实现人员、物体等在室内空间中的位置监控。除通信网络的蜂窝定位技术外，常见的室内无线定位技术还有：Wi-Fi、蓝牙、红外线、超宽带（ultra wideband，UWB）、RFID、ZigBee 和超声波定位。以下将主要介绍无线电定位导航中的超宽带定位技术。

超宽带技术是一种全新的、与传统通信技术有极大差异的通信方式。它不需要使用传统通信体制中的载波，而是通过发送和接收纳秒级或纳秒级以下的极窄脉冲来传输数据，从而具有 GHz 量级的带宽。

超宽带系统与传统的窄带系统相比，具有穿透力强、功耗低、抗多径效果好、安全性高、系统复杂度低、能提供精确定位等优点。因此，超宽带技术可以应用于室内静止或者移动物体以及人的定位跟踪与导航，且能提供十分精确的定位精度。

超宽带定位系统，主要采用双向飞行时间法进行测距。它主要利用信号在两个异步收发机之间的飞行时间来测量节点间的距离。因为在视距视线环境下，基于双向飞行时间法测距是随距离呈线性关系的，所以结果会更加精准。

在超宽带定位测距中，有两个关键约束项：发送设备和接收设备必须始终同步；接收设备提供信号的传输时间必须等于接收端接收到数据包和发出回应的时间间隔。

超宽带室内定位功能和卫星原理很相似，就是通过室内布置 4 个已知坐标的定位基站，需要定位的无人机携带定位标签，标签按照一定的频率发射脉冲，不断和 4 个已知位置的基站进行测距，通过一定的精确算法定出标签的位置。

室内遮挡对超宽带定位的影响主要包括以下几种情形：

① 实体墙：一堵实体墙的遮挡将使得超宽带信号衰减 60%～70%，定位精度误差上升 30cm 左右；两堵或者两堵以上的实体墙遮挡，将使得超宽带无法定位。

② 钢板：钢板对脉冲超宽带信号吸收很严重，将使得超宽带无法定位。

③ 玻璃：玻璃遮挡对超宽带定位精度没太大影响。

④ 木板或纸板：一般厚度 10cm 左右的木板或纸板对超宽带定位精度影响较小。

因此，在超宽带室内定位基站布置中，常常每隔 50～100m 距离放置一个定位基站，使得任意时刻都有四个基站能接收到标签发出的脉冲。

4.2 飞行控制系统与地面站系统

4.2.1 常见飞行控制系统

飞行控制系统是无人机的核心模块。目前，市场常见飞控分为封装飞控和开源飞控两大类。不同的飞控系统，软件安装和调参操作略有差别。

(1) 飞控系统的软件安装

飞控系统由软件和硬件（图 4.11）两部分构成。在使用飞控前，需要安装飞控系统的调参软件和驱动程序。

图 4.11　飞控硬件

以下将以 NAZA-MLITE 飞控为例介绍飞控系统的安装与参数配置。

① 登录选用飞控设备的官网，下载飞行控制器对应的软件。

② 点击进入下载页面，下载调参软件及无人机驱动程序。

③ 下载完成后，依次安装调参软件和驱动程序。

④ 在驱动程序安装过程中，需要用电池给飞控供电，直至安装完成（图 4.12）。

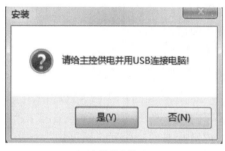

(a) 飞控供电提示

(b) 飞控供电的连接

图 4.12　驱动程序安装

(2) 飞控系统的基础调试

① 打开调参软件，选择无人机类型（图 4.13）。

② 设置 GPS 模块。根据软件界面提示，填入 GPS 位置与无人机重心的相对距离，注意 X 轴、Y 轴与 Z 轴的方向（图 4.14）。

③ 设置遥控器。根据操作人员选择的遥控器进行设置（图 4.15）。此处，以 Futaba 遥控器为例进行设置。

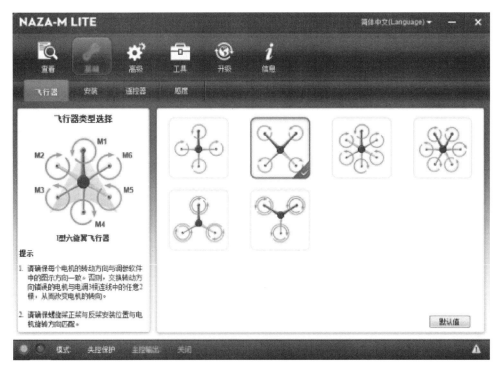

图 4.13　调参软件主界面

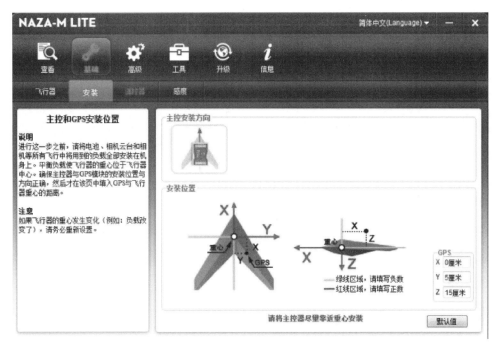

图 4.14　GPS 设置界面

　　首先，切换 FutabaR7008SB 接收机为 S-Bus 模式；然后在软件界面选择接收机类型，根据不同的接收机选择不同的接收机类型。当成功连接接收机后，根据调试软件界面上的提示校准遥控器，并检查通道是否正常、操纵杆是否反向、控制模式切换是否正常。

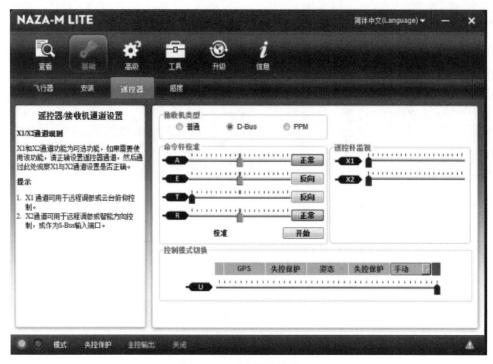

图 4.15　遥控器参数设置

④ 感度设置。感度设置通常采用默认参数就足够，默认值为100%。但是，不同的无人机的型号、电子调速器、电机和螺旋桨不同，会导致感度不同，具体可以参考图 4.16 做调整。

图 4.16　感度设置

⑤ 飞控测试中的电机转速问题。在飞控测试中，发现电机转速不一致的时候，可以阅

读遥控器接收机的参数设置手册，并采用如下处理方法。

a. 开启遥控器，将油门打到最高点，将电调接上电池，等待。校准电机、电调。

b. 听到"滴滴"两声时将油门杆推到最小，"滴滴滴"三声之后推到最大，"滴"一声之后校准成功。

4.2.2　开源飞控

开源飞控是无人机组装过程中应用较多的飞控系统。下面介绍开源飞控的物理安装过程。

(1) 开源飞控板的安装

开源飞控，通常都带有安装套件工具。使用安装套件内提供的 3M 双面胶或者螺钉将飞控板安装在无人机的重心上，确保飞控板的箭头方向和无人机朝前的方向相同（图 4.17）。

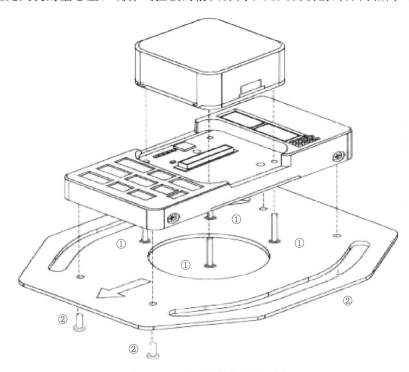

图 4.17　开源飞控的安装草图

①—采用固定螺钉安装开源飞控；②—采用固定螺钉安装开源飞控的拓展底板

根据实际的安装场景，开源飞控主板的安装方向也可前后、上下倒置，后期通过修改参数配置也可以将安装方向设置到正确方向。

(2) 外围设备的连接

根据无人机类型、大小、动力结构和载荷的不同，开源飞控的外围设备的硬件连接和参数的设置也有所不同。但是，多数外围电子设备的物理接口都是标准接口，其线路的连接方法类似。

在外围设备的连接过程中，GPS 模块、飞行环境探测传感器和数据链模块等电子设备的连接需要确认线序。通常，安装人员可以通过飞控和标准载板的技术参数手册中的接口定义检查线序安装是否正确。大多数外围设备出现通电后无响应的故障是源于线序错误。

由于飞控主板的每个接口都有功率限制，如果使用较大功率的外围设备，需要另外接一个电路模块（BEC）进行供电。

(3) 存储卡安装

开源飞控板，通常都会使用 micro SD Card 保存日志，将存储卡插入开源飞控板的存储卡卡槽中（图 4.18）。建议使用 Class 4 以上传输速度的 micro SD Card（SD 卡出厂时已安装好）。如果没有插入存储卡，飞控板的蜂鸣器将会发出相应的错误提示音。

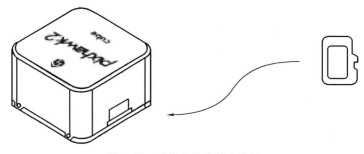

图 4.18　飞控板的存储卡安装

(4) 电源连接

开源飞控板，通常支持三种电源同时输入，分别是：电源模块输入、伺服轨道输入、USB 电源输入（表 4.1）。在多组电源存在时，系统将按照优先级选择电能来源。当电源在峰值功率之外时，系统无法支持运行。

表 4.1　飞控板的电源分配

电源类型	优先级	正常运行额定值/V	极限状态/V
电源模块输入	高	4.8～5.4	4.1～5.7
伺服轨道输入	中	4.8～5.4	4.1～10.5
USB 电源输入	低	4.8～5.4	4.1～5.7

在电源连接时，将电源模块通过电源线接入飞控板的电源接口，如果有第二个电池监测器，通常接入另一个电源接口。电池连接上电源模块后，飞控系统通常会立刻启动自检。若将电源模块的另一端与机载 XT60 母头连接（图 4.19），可以为动力系统和载荷供电。

(5) 动力系统连接

在动力系统的连接中，需要将动力系统上的电子速度控制模块（ESC 模块）或舵机的信号线按照无人机机型的接线定义，将电缆接入 PWM 信号输出接口。

在大多数情况下，ESC 不响应问题是由接线错误造成的。此时，需要始终连接信号和

图 4.19　电源连接

接地，然后检查动力系统中的 ESC 类型，以确定如何连接＋5V 电缆。通常，按无人机机型定义的顺序将 ESC 接口的信号线对应地接入 PWM 接口。

(6) 舵机的供电连接

飞控板自身的电源是不供给伺服通道的，所以如果连接舵机，需要为伺服通道外接 BEC 模块，然后通过 BEC 供电给舵机。舵机的连接通道编号可以通过飞控调参软件进行设置。

(7) 传感器连接

飞控板通常会支持多种传感器的连接，连接方式分别为 CAN、I2C、ADC，具体参数设置，需要参考购买的传感器说明书中的设置方法。

(8) GPS 模块的连接

飞控板与 GPS 模块的安装中，应为 GPS 模块提供良好的工作环境。GPS 天线在无人机的结构中需要有足够清晰的天空视野，并尽可能远离无线电传输设备、电机和电调。一些具有板载罗盘的 GPS 模块，还要求安装方向有规则性，并且安装需要牢固可靠。在宽阔并晴朗的天空视野下，GPS 信号较佳。稳定的 GPS 定位效果对提高无人机在自动任务时的安全性十分重要。

一些大功率无线设备可能会干扰指南针和 GPS 搜星过程。因此，需要将大功率设备放置在远离 GPS 模块的位置。

GPS 模块的连接包括单 GPS 连接和双 GPS 连接两种方式。在单 GPS 连接中，将 GPS 的 8 针连接器接入 GPS1，通常 GPS 不需要其他设置即可使用；有些 GPS 上自带外置罗盘，若要使用罗盘，需要在设置里校准罗盘。双 GPS 连接，通常支持 CAN 模式和 I2C 模式的连接，在连接过程中，需要将排线连接到对应的标准接口。

(9) R/C 无线系统连接

开源飞控模块，通常支持以下多种信号类型的接收机，根据接收机的信号类型接入飞控板的相应接口。

PWM/PPM/Futaba S-Bus 信号接收机：

① PWM 接收机：一些开源飞控板不能直接使用 PWM 信号，如果有一个 PWM 接收机，则需要借助一个 PPM 编码器将多路 PWM 信号编码成单路 PPM 信号，从而使用一条电缆通过载板后侧对应的标准接口接入飞控板。

② PPM R/C 接收机、Futaba S-Bus 接收机则直接接入载板后侧的标准接口。

此外，部分接收机可切换多路 PWM 和单路 S-Bus 等多种模式，可参考接收机说明书将接收机的通道模式设置为 S-Bus 信号模式。

(10) 无线数传连接

无线数传的主要作用就是将飞控板与地面站进行双向通信从而能在地面站查看飞控板的信息及控制飞控板。

数传的配置需求：支持 MAVLink 协议或者透传，TTL 串口信号接口。

配置好数传后，需要先确定线序是否与飞控板的 TELEM1 接口的定义匹配。如果不匹配，需要更改线序。确定线序正确后，将数传的接口连接到 TELEM1 或者 TELEM2 接口皆可，在地面站选择数传设备端口号，设置波特率，开始进行连接。

需要注意的是，数传的发送与接收端的波特率数值需要保持一致。

4.2.3　开源飞控地面站的使用

在完整构建整个飞控系统的工作流中，最重要的一项任务是部署地面工作站。以下将介绍开源飞控地面站的使用方法。

(1) 地面站软件安装

地面站（GCS）通常是为地面操作人员设计的无人机调试程序，通过无线遥测等方式与无人机进行通信。它显示无人机性能和位置的实时数据，可以作为"虚拟驾驶舱"，显示许多和驾驶真实飞机时相同的仪器，可控制工作中的无人机，上传新的任务命令和设置参数，也常用来监视来自载具相机的实时视频流。

常用的且功能支持较为全面的地面站有 Mission Planner 和 QGround Control 等。

地面站软件的选择通常取决于设备和工作环境，地面站拥有获取无人机实时状态、任务规划、设备校准和参数调整等功能，不同的地面站在功能和界面上各有特点。

下面介绍地面站软件的安装和操作过程。

在地面站系统的官网下载后缀名为".msi"的安装包，下载完成后，右键以管理员身份运行安装程序。安装过程中，会安装设备驱动，若有提示，点击"是"确认操作。

许多开源飞控板在出厂时默认是不带固件的，在安装固件之前，选择对应设备（COM口）和波特率，保持 Mission Planner 右上角的连接断开，如图 4.20 所示。

在无网络的环境时，可以点击"加载自定义固件"上传本机的固件到设备上。

进入初始设置的安装固件界面，地面站会联网检测新版固件，等待获取固件列表，出现版本号后，选择你的无人机类型并单击，按照提示进行安装，如图 4.21 所示。

等待固件下载完成后会出现图 4.22 所示提示，断开 USB 连接，单击"OK"。

地面站软件通过 USB 连接飞控板之后，开始烧录固件。地面站出现图 4.23 所示的提示信息，同时听见提示音结束，说明固件已经成功安装到了飞控上。如果飞控一直没有提示音，可以尝试连接地面站与飞控板。如果能连接上，说明固件已经安装到飞控上，连接后请

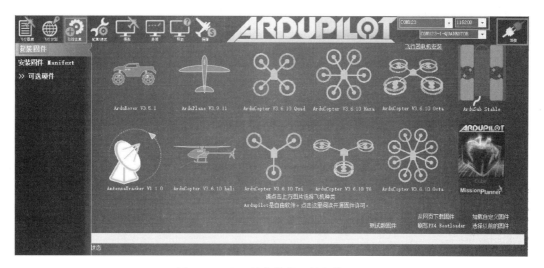

图 4.20　地面站软件的固件安装界面

图 4.21　获取固件列表

图 4.22　固件下载完毕

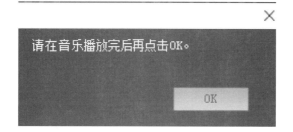

图 4.23　固件烧录界面

查看固件与需要刷写的版本是否一致。

连接开源飞控板，通常有无线数传和 USB 两种连接方式。通常，地面站软件也支持蓝牙和 IP 地址连接。无论是哪种连接，都需要确保数传驱动或串口驱动安装正确，保证数据链的正常工作，飞控板才能连接到地面站。

① 使用 USB 连接：将 USB 插头插入飞控板的 USB 接口。在地面站软件的设备列表里，单击下拉框的箭头，选择设备对应的 COM 端口，在右侧设置波特率。

② 使用数传连接：通常用 USB 连接地面站的数传需要选择对应的 COM 端口，设置波特率；而使用 Wi-Fi 或是蓝牙方式连接地面站的数传，则是在设备列表里选择对应的类型并填入 IP 地址进行连接，具体参数优先参考数传设备的使用说明。

(2) 基本硬件校准和参数设置

① 无人机的机架类型设置。打开地面站软件（以 Mission Planner 为例），连接飞控板，在初始设置中的"必要硬件"里，选择"机架类型"（例如选择十字型或 X 型机架），如图 4.24 所示。

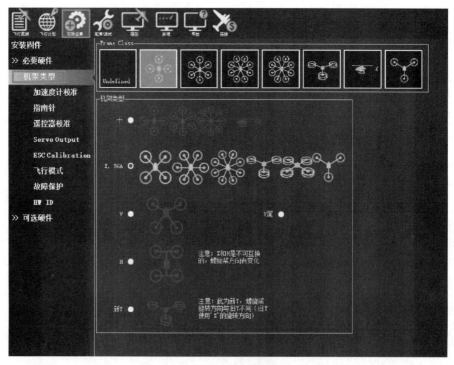

图 4.24　机架类型选择

② 加速度计校准。基本校准：选择"加速度计校准"，按照地面站软件提示，将无人机的机头朝向按照水平、向左、向右、向下、向上、向后等六个方向进行校准，校准成功时会提示"校准成功"。

　　a. 将无人机水平放置，按任意键继续，如图 4.25、图 4.26 所示。

　　b. 将无人机的机头朝前左边向下垂直放置，按任意键继续，如图 4.27、图 4.28 所示。

　　c. 将无人机的机头朝前右边向下垂直放置，按任意键继续，如图 4.29、图 4.30 所示。

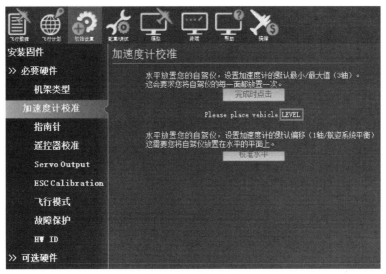

图 4.25　水平校准

图 4.26　无人机水平放置

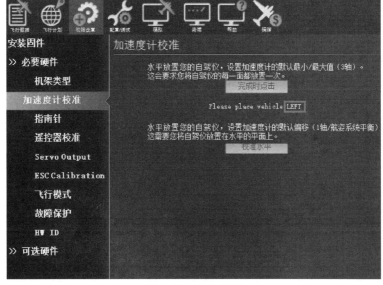

图 4.27　向左校准

图 4.28　无人机向左平移

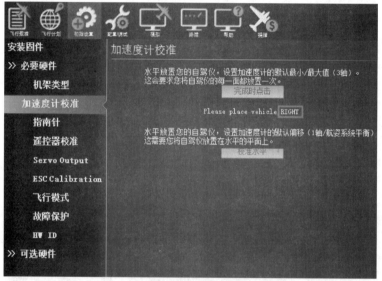

图 4.29　向右校准

图 4.30　无人机向右平移

d. 将无人机的机头朝下垂直放置，按任意键继续（如图 4.31、图 4.32 所示）。

e. 将无人机的机头朝上垂直放置，按任意键继续（如图 4.33、图 4.34 所示）。

f. 将无人机的底部朝上水平放置（如图 4.35、图 4.36 所示）。

在第六个步骤完成后，会提示"Calibration successful"，如图 4.37 所示。

最后，将无人机进行水平放置，点击图 4.38 中的"校准水平"选项，出现完成提示信息，就表示最终校准完成了。

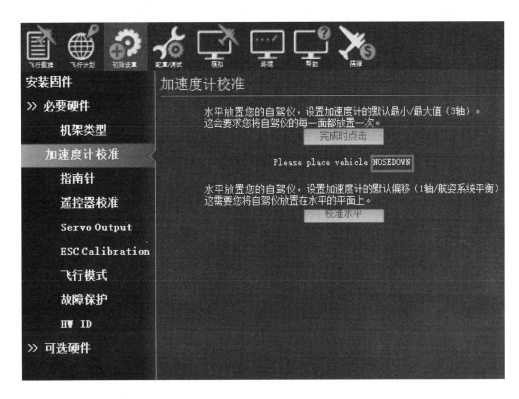

图 4.31　向下校准

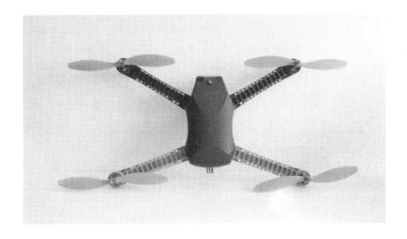

图 4.32　机头向下平移

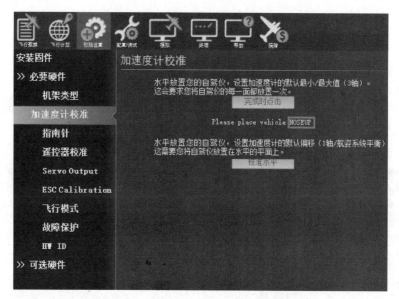

图 4.33　向上校准

图 4.34　机头向上平移

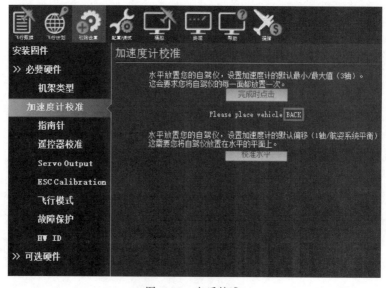

图 4.35　向后校准

图 4.36　机架底部朝上水平放置

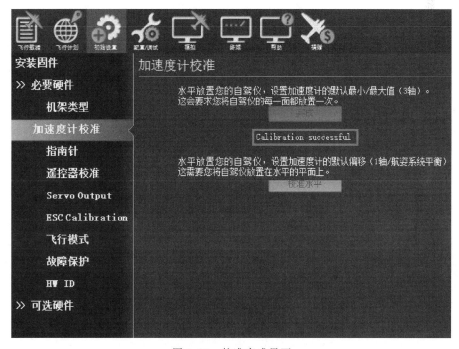

图 4.37　校准完成界面

③ 磁罗盘校准。选择磁罗盘，即"指南针"，查看是否有"启用指南针"。然后，依次按照以下步骤进行磁罗盘校准。

a. 启用指南针，选择地面站软件中指南针校准界面，点击"主指南针"选项，如图 4.39 所示。

b. 在图 4.39 中，勾选 3 个指南针数值，即"指南针 ♯1""指南针 ♯2""指南针 ♯3"。点击"开始"，进行指南针校准。指南针校准过程中，要求在 60s 内转动飞控板，每个轴至少转一次，即俯仰 360°，横滚 360°，水平原地自转 360°，每个面都转 360°。

当指南针校准成功后，窗口会分别显示三次校准成功信息，如图 4.40 所示。

当指南针校准完成后，会提示"Please reboot the autopilot"，点击"OK"，然后断开电源，重新启动飞控，如图 4.41 所示。

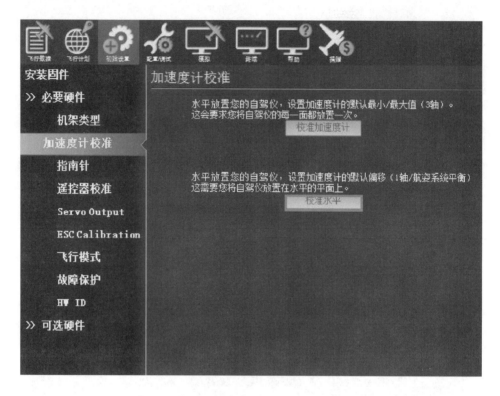

图 4.38　校准水平界面

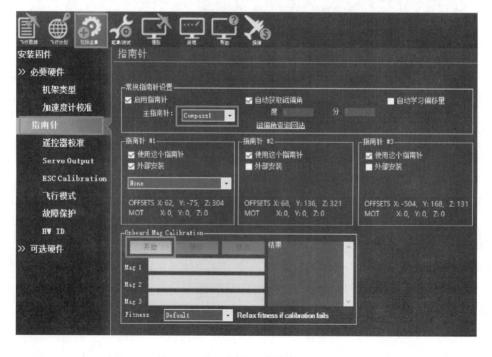

图 4.39　指南针校准主界面

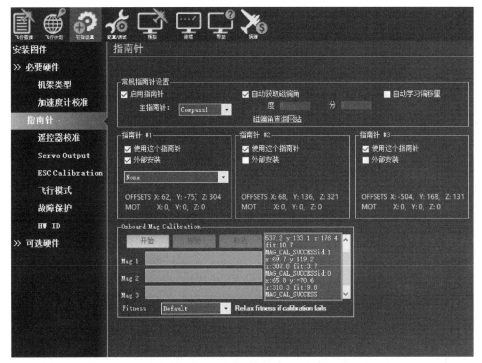

图 4.40　指南针校准成功界面

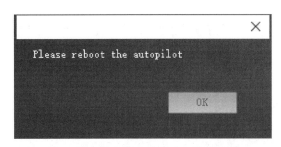

图 4.41　校准完成后的重启提示界面

如果在指南针校准过程中，一直提示校准无法通过，可以设置指南针校准页面的"Fitness"选项，通常选择"Default"（默认值），如图 4.42 所示。

④ 遥控器校准。在遥控器校准中，首先将遥控器接收机连接到飞控板的对应通道。连接好遥控器接收机后，打开遥控器电源，接着打开地面站软件的"遥控器校准"界面，如图 4.43 所示。

在图 4.43 中，点击遥控器校准界面右下角的"校准遥控"按钮，拨动遥控通道开关，使每个通道的红色提示条移动到上下限的位置。

在遥控器的所有通道的红线校准完成后，点击"完成时点击"按钮，如图 4.44 所示。

如果拨动遥控器的摇杆，图 4.44 界面的指示条没有变化，请检查接收机连接是否正确，同时检查下每个通道是否对应。

⑤ 电调校准。在电调校准前，需要对无人机进行物理断电，启动安全检查。安全检查要求包括：无人机的机身上没有安装螺旋桨，飞控板的 USB 连接线未连接到电脑，并且无人机的电池已断开与飞控板、电调及其他外设的物理连接。

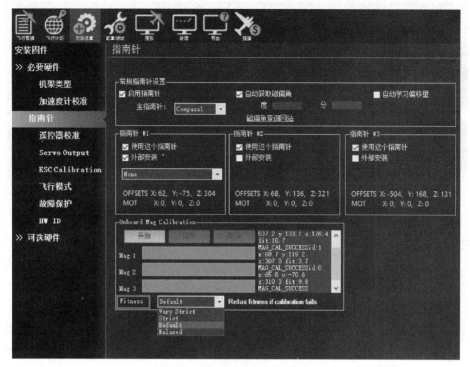

图 4.42　默认校准操作

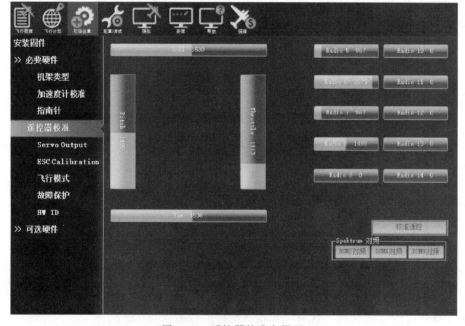

图 4.43（彩图）

图 4.43　遥控器校准主界面

常见电调如图 4.45 所示。

单独对电调进行校准的过程如下：

a. 首先打开遥控器，将油门杆推到最大位置，如图 4.46 所示。

b. 连接电池，为电调供电，如图 4.47 所示。

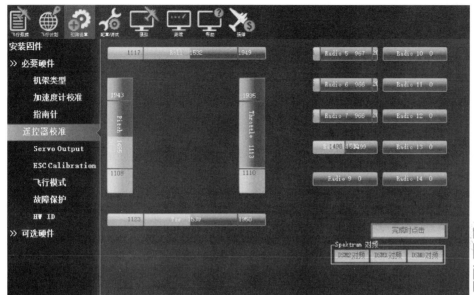

图 4.44　遥控器校准完成界面　　　　图 4.44（彩图）

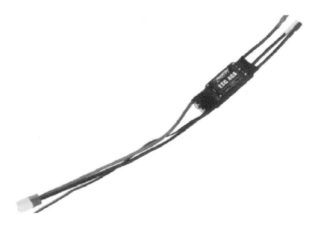

图 4.45　电调

图 4.46　遥控器油门杆推到最大位置

图 4.47　连接电池

c. 等待电调发出声音，"哔哔"声表示电池的数量（通常，3 声代表 3s，4 声代表 4s），然后再发出两声"嘟嘟"声，表示最大油门已被捕获。通常，不同品牌的电调发出的声音有所不同，具体指标参见电调各自的操作手册。

d. 将遥控器的油门杆向下拉至其最小位置，如图 4.48 所示。

图 4.48　遥控器油门杆拉到最小位置

e. 电调发出一个长音，表示已经捕获了最小油门并且校准完成。

f. 操作遥控器，通过提升油门并再次降低油门，测试电机是否转动。

g. 将油门设置为最小值并断开电池，以退出电调校准模式，如图 4.49 所示。

图 4.49　电池断开

最后，当电调校准完成后，检查电机转向、速度是否正常。电调和飞控板连接后进行的电调校准，可参见不同飞控板的使用说明书进行设置。

⑥ 飞行模式。通常，开源飞控板的飞行模式较多，可以通过地面站软件进行选择和设置。

在飞行模式设置前，首先将遥控器上的第 5 通道或者其他通道拨动到合适的位置，地面站软件会将当前位置显示为绿色，为每个开关选择一个模式并且点击"保存模式"按钮，如

图 4.50 所示。

通常，普通遥控器可设置六个飞行模式，可根据自己的遥控器说明设置单通道六个挡位混控。

注意：无人机在起飞前，需要再确认一次设置好的模式，点击"保存模式"，如图 4.51 所示。飞行过程中切换到错误的模式也有可能导致无人机失控等现象。

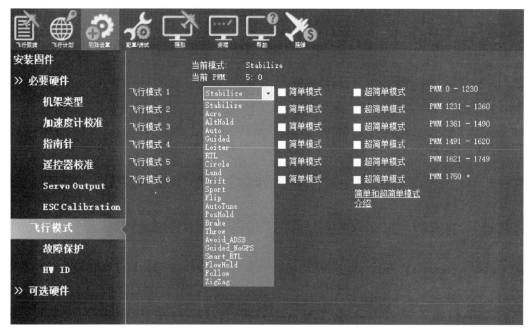

图 4.50　飞行模式设置

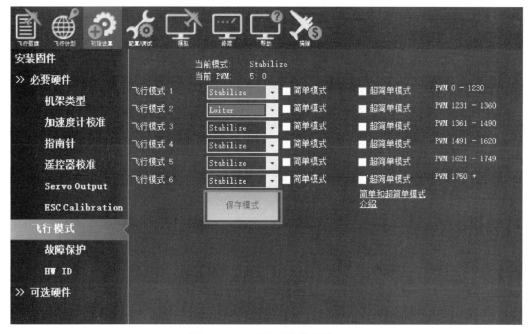

图 4.51　飞行模式的保存界面

a. 稳定模式。稳定模式是使用得最多的飞行模式，也是最基本的飞行模式，对于起飞和降落建议使用此模式。此模式下，飞控会让无人机保持稳定，是初学者进行练手飞行的首选，也是第一视角飞行的最佳模式。一定要确保遥控器上的开关能方便无误地拨到该模式。

b. 定高模式。初次试飞之后可以尝试定高模式，此模式不需要 GPS 定位支持，飞控系统会根据气压传感器的数据保持当前高度。

当采用定高模式飞行时，因为没有 GPS 定位模块的参与，所以无人机会发生漂移。需要使用遥控器的摇杆，不断微调操作，移动或保持无人机的位置。定高模式下，飞控板通过控制油门来保持高度，使用遥控油门的方式调整无人机的飞行高度。

需要注意的是，当无人机的操作员在稳定模式和定高模式之间切换时，需要让遥控器的油门在同一位置，避免因模式切换、油门控制发生变化造成无人机突然上升或者下降。

c. 定点模式。无人机的定点模式，是指无人机在起飞前使用 GPS 模块进行定位，避免在空中突然定位发生问题。在其他方面，定点模式与定高模式操作基本相同。

d. 简单模式。无人机采用简单模式时，飞行操控更加简单。不用管无人机机头的朝向，可以将无人机看成一个点，如果升降舵给出俯冲指令，无人机就会飞得远离操作者；反之，如果给出拉杆指令，无人机会飞回操作者；给出向左滚转的指令，无人机会向左飞，反之亦然。当采用简单模式时，无人机前后左右的飞行，是不管当时的机头指向的。

e. 返航模式。无人机采用返航模式时，需要 GPS 定位模块进行辅助操作。在该飞行模式下，无人机的 GPS 模块在每次飞行前的定位点数据，就是当前返航的位置。在该模式下，如果在起飞前无人机的 GPS 模块没有定位，则在空中首次定位的那个点，就会成为返航点。

进入返航模式后，无人机会升高至一定高度，或者如果已经高于该高度，就保持当前高度，然后飞回到起飞点。不同的无人机，返航时的默认高度数据有所不同，需参考不同无人机的使用说明书。此外，在返航模式中，可以设置高级参数选择到起飞点后是否自主降落，和悬停几秒钟后自动降落。

f. 绕圈模式。无人机采用绕圈模式时，会以当前位置为圆心进行绕圈飞行。此时，无人机的机头会不受遥控器方向舵的控制，始终指向圆心。如果遥控器给出横滚和俯仰方向上的指令，将会移动圆心。在绕圈模式下，无人机操作人员可以通过遥控器的油门来调整无人机的高度，但是不能降落。在飞行路径中，圆的半径可以通过地面站软件中的高级参数设置进行调整。

当切换到绕圈模式时，以当前机头方向的前方设定的距离的末端作为圆心，以设定的角速度开始绕圈。也可以通过更改参数来修改飞行的速度［以（°）/s 为单位］。正值表示顺时针旋转，负值表示逆时针旋转。在绕圈飞行过程中，遥控器的前后左右旋转推杆没有反应，但可以用遥控器的油门来改变高度。无人机在绕圈模式下，会无限绕圈飞行，直到切换到其他模式。

除了以上六种主要飞行模式外，一些高级飞控板还具备以下飞行模式。

a. 引导模式。当无人机采用引导模式时，需要地面站软件和无人机之间保持持续通信状态。当地面站软件和无人机连接后，在地面站的任务规划界面上，可以在地图上的任意位置点鼠标右键，选择弹出菜单中的"飞到这里"，系统会要求输入一个飞行高度，然后无人机会按照设定高度飞到指定位置并保持悬停。

b. 跟随模式。当无人机采用跟随模式时，需要无人机操作者的便携式地面站（如手持平板等）带有 GPS 定位模块。此时，操作者的 GPS 位置信息将通过地面站和数传电台实时传输到无人机，无人机实际执行的是"飞到此处"的指令。此时，无人机将会跟随操作者进行移动。

c. 自动模式。当无人机采用自动模式时，无人机会自动执行地面站设定好的飞行任务，例如起飞按顺序飞向多个航点、旋转、拍照等。

d. 悬停模式。当无人机采用悬停模式时，是采用了飞行模式中的定点模式和定高模式相结合的飞行方式。在起飞前，无人机需要启动 GPS 定位，避免在空中突然定位发生问题。在其他飞行方面，悬停模式跟定高模式基本相同，其反应速度与定高模式也相同，松杆后即自动刹车，在没有操作的情况下和定高模式相同。

e. 降落模式。当无人机采用降落模式时，是利用气压计定高方式进行自动降落，同时 GPS 定位模块也参与控制。

f. 特技模式。无人机采用特技模式时，飞行状态是非稳定模式。此时，飞控板将完全依托遥控器的遥控操作控制。通常，不建议新手使用特技模式飞行。

在特技模式下，包括三种操作方式。第一种操作方式：操作员在完全速率控制下运行，没有飞控进行自动调平和角度限制。第二种操作方式：自动调平。当飞行员释放操纵杆时，无人机将自动返回到水平位置。第三种操作方式：自动调平并限制倾斜角度，无人机倾斜的角度通常不会超过 45°。

g. 漂移模式。当无人机采用漂移模式时，允许用户操控多架无人机。用户可以直接控制偏航角和俯仰角，而侧倾则由飞控板控制。此外，操作人员还可以通过单个操纵杆非常直观地控制无人机。

h. 翻转模式。当无人机采用翻转模式时，是指无人机根据操作员的侧倾和俯仰杆位置，在侧倾位置或俯仰轴上翻转。此时，无人机将上升，然后迅速翻转。直到将开关拉低并变回高电平，无人机才会再次翻转。为了确保飞行安全，在第一次尝试翻转之前，请给无人机至少 10m 的高度。通常，新手不建议使用该模式。

i. A、B 点模式。A、B 点模式是无人机采用的一种半自主飞行模式，使操作员更容易在田野上操控无人机来回飞行。这种飞行模式在植物保护行业非常有用。

⑦ 电源模块校准。在电源模块校准中，需要参考飞控板的电源模块要求。电源模块的数据包括额定电压、稳定电流值、瞬态电流值等。如需更大电荷量，需要选择支持更高电流的电源模块。

a. 连接电源模块。将电源模块的 XT60 公端接口与电池连接，另一侧的 XT60 母端接口用于连接电机、电调等用电设备，然后将模块上的 JST 接口连接到飞控板的电源接口。目前，不少飞控主板支持双路电源冗余，可同时检测两路电源接口。

b. 电池监测器校准电压。当飞控板连上电源模块并启动后，可采用数传模块或者 USB 连接到地面站，进入"初始设置"界面的"可选硬件"，选择"电池监测器"。

电池监测器的配置界面如图 4.52 所示。

默认数值情况下测的电压跟电池实际电压有偏差，需要修改电池分压器数值。将修改后

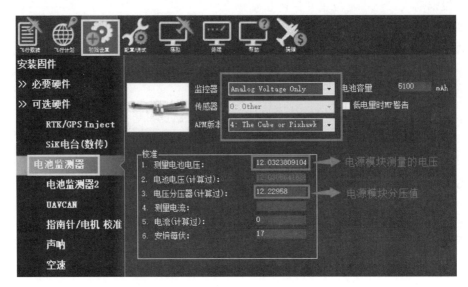

图 4.52　电池监测器配置界面

的电池分压器数值，填写到电压分压器选项中，修改完数值后重启一下飞控，这个时候测得的电压就是准确的数值。

若飞控板有两个电源输入端，则通过"电池监测器 2"校准电压，如图 4.53 所示。

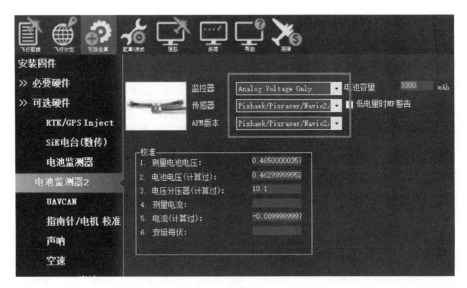

图 4.53　电池监测器 2 的配置界面

由图 4.53 可知，"电池监测器 2"对应的是飞控板的第二个电源接口。其余配置与"电池监测器"配置相同。

⑧ 电机测试。电机测试界面如图 4.54 所示。

在电机测试前，需要确保电机上没有螺旋桨。在地面站端，可以通过 MAVLink（USB、数传设备）连接到飞控板，并在地面站的软件界面显示已经连接字母与电动机编号相对应，如图 4.55 所示。

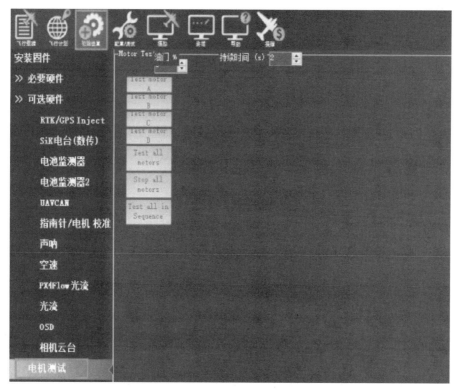

图 4.54 电机测试界面

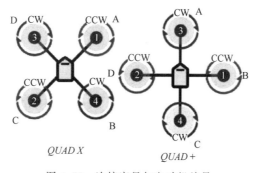

QUAD X

QUAD +

图 4.55 连接字母与电动机编号

在图 4.55 中，点击 A、B、C、D 按钮，相应的 A、B、C、D 电机就会开始转动。相应的电机应旋转几秒，如果电机没有转动，将"油门％"提高到 10％，然后重试。如果不起作用，请尝试修改到 15％或者更高。

(3) 起飞前的安全操作

① 安全自检。通常，飞控板会在启动时做一些系统自检操作。如果在起飞前发现任何的问题，包括校准失败、配置错误或传感器数据不良，飞控主板将被阻止解锁。飞控板的系统自检操作，有助于防止无人机在不正常的情况下起飞。

以某款飞控板为例，主板的 LED 灯的警示含义如下：

· 在正常情况下，该飞控板的 LED 灯为蓝色或者绿色闪烁，如果自检过程中发现问题，

LED 灯将会闪烁黄色。

· 如果闪烁黄灯，请尝试解锁，在地面站软件端的信息窗口会提示错误信息，根据错误提示再去解决故障。

· 如果闪烁蓝灯或者绿灯，解锁之后蜂鸣器将会发出低音长鸣的声音，电机将开始怠速旋转，此时无人机可以正常起飞。

当飞控板通电后，开始系统自检，其板载 LED 灯的其他状态指示信息如下：

· 红灯、蓝灯交替闪烁：初始化传感器，飞控自检。此时，需要将飞控板静止放平。

· 蓝灯闪烁：自检通过，处于可以解锁状态，但 GPS 定位未锁定。

· 蓝灯常亮：已经可以解锁，但没有 GPS 锁定。

· 绿灯常亮，蜂鸣器发出长鸣声，说明无人机已经解锁，准备起飞。

· LED 灯从绿灯变为黄灯闪烁，飞行时蜂鸣器发出急促的声音，说明电池失效保护启动。

· 通电后不亮灯：未烧录固件，固件丢失，SD 卡丢失或者 SD 卡格式错误。

由于不同的飞控板对于 LED 灯和蜂鸣声的定义有所不同，在使用时需要优先参考飞控板的用户手册。

② 飞控板的解锁方式。通常，飞控板有两种解锁方式，可以通过地面站或者遥控器进行解锁。

通过遥控器解锁时，将遥控器的油门通道放到最低，偏航通道最右停止几秒即可解锁。

通过地面站解锁时，要求飞控板已经连接数传模块，且与地面站能够正常通信。此时，在地面站软件窗口底部有一个动作标签页，点击里面的"解锁"按钮即可解锁。此时，遥控器也需要处于已连接的状态。

③ 起飞注意事项。由于无人机的桨叶在转动时具有一定的杀伤力，在无人机起飞前一定要确保周边一定距离内没有行人及遮挡物，远离禁飞区和限飞区。通常要求在飞行营地及其他拥有合法空域的空旷场地起飞。

首次起飞的时候，最好使用稳定模式进行起飞，确定无人机飞行正常后，可以根据操作员的飞行任务要求，切换到其他飞行模式。

稳定模式的油门控制模式为线性，所以控制油门的幅度要比较小。

在稳定模式飞行一段时间后，飞行高度保持在一定安全高度的时候，可依次切换到定高、定点等其他功能模式。定高和定点模式的油门控制逻辑不同，油门中立位置有一个死区，用于保持高度，向上推杆时无人机上升，向下推杆时无人机下降。

注意：在切换到其他飞行模式前，必须先了解该飞行模式的特性。

④ 起飞故障排除。无人机起飞就翻，可以参考表 4.2 所示的解决方法。

表 4.2　无人机故障简易排除

故障现象	解决方法
机架框架选择不正确	在硬件设置"机架类型"中设置对应的类型
电调序号连接不正确	检查 ESC 连接并用电机测试检查
电机转向不正确	解锁检查或者使用地面站电机测试检查

故障现象	解决方法
螺旋桨方向不正确	螺旋桨按照一正一反顺序安装
加速度计校准不正确	校准加速度计
ESC 电调油门不同步	进行油门行程校准

其他典型故障及其排除方法如下：

a. 电机旋转无法起飞的故障：需要检查电机的动力是否充足，检查电机参数与螺旋桨尺寸和电池是否匹配。

b. 解锁电机不转的故障：检查电调信号线是否连接正确；卸下螺旋桨，使用电机测试看是否能转动。

c. 电机通电后没有反应的故障：检查是否进行油门行程校准。通常需要对电调进行油门行程校准。

d. 控制无人机往前飞，实际往后飞，控制往左飞，实际往右飞的故障：遥控器的控制通道接反了，调整遥控器菜单对应通道进行反向设置，或地面站端修改对应遥控通道的参数值，修改完成后保存。

e. 飞控未检测到遥控器信号的故障：检查信号线与飞控板连接是否正确，接收机是否连接上，接收机输出是否正确，连接的是否为 PPM（带 PPM 模块）或 S-Bus 协议的接收机。

f. 数传连接不上的故障：检查数传线序连接是否正确，连接时波特率选择是否正确。

⑤ 故障保护设置。在地面站端，电压、遥控器故障保护如图 4.56 所示。

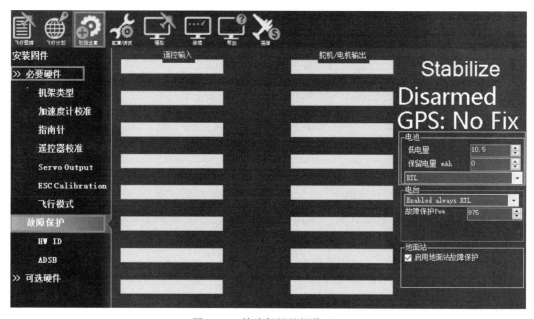

图 4.56 故障保护的操作界面

失控保护触发后，飞行模式也不会被改变，会保持失控后的模式。如果想重新控制无人机，需要手动进行模式切换。

在图 4.56 中，界面右方的方框内为电压故障保护设置，包括低电量、保留电量设置。

低电量：以 3S 电池为例，设置为 $10.5\text{V}=3.5\text{V}\times 3$，具体电压根据选用的电池容量而设置。

保留电量：设置为 0，表示禁用电池故障保护的电池容量。

在地面站的触发保护选项中，通常包括如下五项：

降落模式：无人机将切换到降落模式。

返航模式：无人机将切换到返航模式；如果 GPS 状态不稳定，无人机将执行降落模式。

智能返航或返航：无人机将切换到智能返航模式或切换到返航模式。

智能返航或着陆：无人机将切换到智能返航模式或切换到着陆模式。

终止模式：设置该选项后，无人机会触发上锁，电机通道将无输出。在绝大多数情况下，都不建议操作员使用该选项。

⑥ 可选硬件参数设置。

a. 设置惯性测量单元的恒温温度。通常，飞控板都内置惯性测量单元（IMU）的恒温加热功能，可以在全部参数列表中修改参数来调整目标温度。常规飞行环境下，IMU 的最佳测量温度为 60℃，但是飞控启动之后需要一定时间才能达到 60℃。因此，在开始飞行前，需要给无人机一定时间进行预热。当预热一定时间后，将飞控断电再重新上电，飞控将会重新记录 IMU 数据，此时的 IMU 将能达到最佳测量精度。

b. 传感器位置偏移补偿。传感器的位置偏移量指定为 3 个值（X、Y、Z），它们是与 IMU（假定飞控板安装在无人机机身中间）或无人机重心的距离，以 m 为单位，如图 4.57 所示。

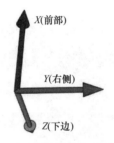

图 4.57　传感器的位置偏移量

在图 4.57 中，X、Y、Z 的定义如下：

X：距 IMU 或重心前方的距离。正值朝向无人机的前部，负值朝向无人机的后部。

Y：距 IMU 或重心右侧的距离。正值朝向无人机的右侧，负值朝向左侧。

Z：低于 IMU 或重心的距离。正值较低，负值较高。

为了获得最佳飞行效果，应将飞控（含惯性测量单元）放置在无人机的重心处，但是如果这在物理上是不可能的，则可以通过设置在机架上的位置偏移量参数来部分补偿偏移。

c. 双 GPS 工作模式。只有同时报告位置和速度的 GPS 才能用于混合，所有 u-blox GPS 都提供这些额外信息，而使用 NMEA 协议的 GPS 通常不提供。建议使用来自同一制造商的两个 GPS 进行混合，以保证精度的统一性。

双 GPS 的物理连接如下：

将 GPS 8 针电缆连接至 JST-GH 连接器 GPS1；

将 GPS 6 针电缆连接至 JST-GH 连接器 GPS2；

将 GPS 4 针电缆连接至 JST-GH 连接器 CAN 1、2。

地面站端的双 GPS 参数设置：设置 GPS 端口、GPS 混合模式等参数，以启用双 GPS 工作模式。

d. 自动广播监视系统。自动广播监视系统（ADS-B）是一种空中交通监视技术，无须用传统雷达即可通过空中交通管制员和其他飞行员精确跟踪无人机。

在无人机中使用 ADS-B 有两种方式：

· 带 ADS-B 载板，修改参数后可直接使用。

· ADS-B 接收器配有串行电缆，直接插入 The Cube 的串行端口。

在地面站端对 ADS-B 载板的配置过程中，首先需要打开地面站软件，连接飞控板，选择 ADS-B 的参数表，根据任务需求修改参数并设置，包括打开 ADS-B 功能、设置波特率、选择端口协议、打开 ADS-B 警报和规避功能等。

ADS-B 参数配置完成后，需要重新启动飞控板。

e. OSD 屏幕显示。OSD 屏幕显示模块，可从飞控板中获取无人机的实时数据，将数据覆盖在来自相机的图像上，然后把视频串流转发给图传设备。此时，在地面图传显示器上即可看到由 OSD 模块显示的画面。

OSD 屏幕与飞控板的物理连接如下：将 OSD 模块的 6 针电缆连接到飞控板的接口面板的相应端口。

(4) 无人机飞控板的 PID 调节

① PID 基本概念。在无人机的闭环自动控制技术中常常基于反馈的概念以减少不确定性，其反馈的要素包括三个部分：测量、比较和执行。测量中关键的是被控变量的实际值与期望值相比较，用偏差来纠正系统的响应，执行调节控制。在无人机的实际应用中，应用最为广泛的调节器控制规律为比例、积分、微分控制，即 PID 控制，又称 PID 调节。

不良的 PID 值的表现包括：动态响应太快或太慢；控制过冲或不足；抖动、无法顺利起飞和降落、自稳能力弱、摔机。

较好的 PID 值的表现包括：动态响应迅速、及时；控制既不过冲也不欠缺；无抖动、飞行平稳、自稳能力强、动作迅速有力。

PID 手动调参包括两种：一种是直接感受无人机的飞行情况，从感官上来判断问题所在，然后再逐步调试；另一种是利用飞控调试软件的飞行事故记录器功能，里面有电机在飞行过程中的震荡记录，根据记录来调试。

② PID 自动调参。在地面站的 PID 自动调参中，可以通过在飞行中不断的横滚、俯仰动作得到最佳的 PID 参数，从而得到更高的灵活性，同时也不会过大地超调。

在 PID 调整中，在调整顺序上，"先是比例后积分，最后再把微分加"。然后，开始"比例 P"调整、"积分 I"调整、"微分 D"调整，最终获得理想的 PID 参数状态。

在 PID 自动调参过程中，需要设置定高模式。无人机起飞后，在一个合适的高度切到定高模式。由于定高模式下无人机只是高度保持不变，但在水平方向会漂移，需操纵者实时控制无人机水平位置，高低位置不需要控制。

当无人机姿态相对稳定后，开启自动调参模式。经过数分钟的偏摆动作后，无人机将会切回自动调参前的 PID 参数。如果想测试自动调参得到的 PID 参数的飞行效果，需要使用自动调参得到的 PID 参数。

最终，如果觉得自动调参得到的 PID 参数飞行效果不错，可以选择将新的 PID 参数保持并且覆盖自动调参前的 PID 参数。如果觉得自动调参得到的参数不理想，可以将自动调参的参数保存后再重复进行一次自动调参。有时调一次效果不好，可选择多调一次。

4.3 无线通信链路系统

无人机系统主要分为三大部分：地面站、飞控以及无线通信链路。下面我们一起了解一下无人机无线通信链路系统。

4.3.1 频段使用规定及系统组成

通信链路系统是无人机系统的重要组成部分，其主要任务是建立一个空地双向数据传输通道，用于完成地面控制站对无人机的远距离遥控、遥测和任务信息传输。

遥控实现对无人机和任务设备进行远距离操作，遥测实现无人机状态的监测。任务信息传输，是指通过下行无线信道向测控站传送由机载任务传感器所获取的视频、图像等信息，是无人机完成任务的关键，其通信质量的好坏直接关系到发现和识别目标的能力。

(1) 我国无人机使用频段规定

无人机通信链路需要使用无线电资源，目前世界上无人机的频谱使用主要集中在 UHF、L 和 C 波段，其他频段也有零散分布。目前，我国工业和信息化部无线电管理局初步制定了《工业和信息化部关于无人驾驶航空器系统频率使用事宜的通知》，规划 840.5～845MHz、1430～1444MHz 和 2408～2440MHz 频段用于无人驾驶航空器系统。840.5～845MHz 频段可用于无人驾驶航空器系统的上行遥控链路，其中 841～845MHz 也可采用时分方式用于无人驾驶航空器系统的上行遥控和下行遥测链路。1430～1444MHz 频段可用于无人驾驶航空器系统下行遥测与信息传输链路，其中 1430～1438MHz 频段用于警用无人驾驶航空器和直升机视频传输，1438～1444MHz 频段用于其他无人驾驶航空器视频传输。2408～2440MHz 频段可作为无人驾驶航空器系统上行遥控、下行遥测与信息传输链路的备份频段；相关无线电台站在该频段工作时不得对其他合法无线电业务造成影响，也不能寻求无线电干扰保护。

(2) 无人机通信链路系统组成

无人机通信链路的机载部分包括机载数据终端和天线。机载数据终端包括 RF 接收机、发射机以及用于连接接收机和发射机到系统其余部分的调制解调器。有些机载数据终端为了满足下行链路的带宽限制，还提供了用于压缩数据的处理器。天线采用全向天线，有时也要求采用具有增益效果的定向天线。

链路的地面部分也称地面数据终端。该终端包括一副或几副天线、RF 接收机和发射机以及调制解调器。若传感器数据在传送前经过压缩，则地面数据终端还需采用处理器对数据进行重建。地面数据终端可以分装成几个部分，一般包括一条连接地面天线和地面控制站的本地数据连线以及地面控制站中的若干处理器和通信接口。

对于长航时无人机而言，为克服地形阻挡、地球曲率和大气吸收等因素的影响，延伸链路的作用距离，普遍采用了中继通信的方式。当采用中继通信时，中继平台和相应的转发设备也是无人机链路系统的组成部分之一。无人机和地面站之间的作用距离是由无线电的视距所决定的。

4.3.2　常用信号频率及编码方式

(1) 常用信号频段

① 5.8GHz 频段。该频段传输器是目前无人机航拍领域使用最广泛的无线微波视频传输器，具有如下的优点和缺点。

优点：体积轻盈，热量低，距离远，并且价位很透明，最大可释放 32 个可选频道。5.8GHz 频段是航拍微波图传领域的首选频段。在工信部的信号频段限制中，5.8GHz 微波信号是消费级开放频段。即无论你是否经过许可，都可以用 5.8GHz 信号作为航拍器的图传作业频段。在画质的处理上，优秀的 5.8GHz 视频传输器能够完全释放出 64 位模拟色彩度输出。通常，5.8GHz 的实际功率基本上小于或等于 2000mW。部分厂家对 5.8GHz 这个频段在环境污染、辐射人体、干扰其他无线设施的测试中，得到了环境影响最低的评分。

缺点：5.8GHz 频段的波长问题导致该信号穿透力极差，易受外界因素干扰。航拍的陆对空条件创造了空旷的通信环境。因此，工信部首先开放的就是 5.8GHz 频段，允许其用于消费级产品。

② 2.4GHz 频段。2.4GHz 频段应用最广泛的领域是日常家用电器，其主要用途是陆地工业无线监控工程。该频段在使用中的优缺点分别如下。

优点：价格便宜，频点容易把控，最大可释放出 12 个频道。2.4GHz 无线视频传输器应用最多的是解决陆对陆无线监控问题。该频段可让监控摄像机实现短程无线传输。2.4GHz 信号发射器模块上的电子元器件体积大，间隔距离较远，散热效果最好，适合长时间超负荷作业。与 5.8GHz 信号相比，2.4GHz 信号有较好的穿透力和图像稳定性。该频段的通信设备甚至可以通过信号放大器、信号增益模块释放出 20W 以上的功率。

缺点：由于该频段的信号收发器相对廉价，儿童遥控玩具、电视机遥控器、路由器等日常用品都会采用该频段。因此，使用此类发射器特别容易被干扰，接收的图传画面会出现大雪花点、断频、串频等情况。此外，该频段也容易受温差漂移干扰的影响。

③ 1.2GHz 频段。该频段信号属于低频信号，穿透力极强，可覆盖所有无线视频传输的领域。该频段的优点和缺点分别如下。

优点：波频最连贯，大多数通信传输设备都可处理主、辅两种波频。目前，市面上相关模块最大功率可达到 8000mW，传输的图像也可达 64 位乃至更高的画质。1.2GHz 信号发射器本身体积也极其微小，可无限延伸设备功能。大多数 1.2GHz 信号发射器都不受温差相位漂移的影响，也是微波无线视频传输器里最适合陆对陆传输的频段。因此，具有超强穿透力的 1.2GHz 频段也是陆对陆无线通信的首选。

缺点：1.2GHz 频段是工信部最早严令禁止空中使用的频段，但不包括经过许可的民用级产品。在国内，1.2GHz 信号段仍主要服役于军方和政府机构。同时，因为 1.2GHz 过强的功率会导致周边无线设备失灵，所以 1.2GHz 传输器并不能当作消费产品公开销售。相对于别的频段发射器，1.2GHz 发射器价格较高。此外，由于 1.2GHz 发射器普遍比其他频道的发射器温度高，同时 1.2GHz 频段内可释放的频道少，因此很多不同厂家的发射器通常可以共用接收器，出现串频率的现象也较多。

(2) 编码方式

在无人机通信过程中，发射机模式与接收机模式要一致才能对频。因此，需要了解不同的信号编码方式。以下，简要介绍常用的几种编码方式。

① PCM 编码：脉冲编码调制，以约定好的二进制码流传递信息，可以时分复用（不同的制式时隙个数不同，在实际中使用的是两种对数形式的压缩特性：A 律和 U 律。A 律编码主要用于 30/32 路一次群系统，U 律编码主要用于 24 路一次群系统。A 律 PCM 用于欧洲和中国，U 律 PCM 用于北美和日本）。

② PPM 编码：脉冲位置调制，以不同时刻出现的脉冲位置传递信息，可以时分复用。

③ PWM 编码：脉冲宽度调制，以脉冲占空比传递信息，不可以时分复用；PWM 以及其变种 SPWM 广泛用于电机调频调速控制。

PPM 和 PCM 都用于遥控设备无线传输。PCM 属于数字调制，需要利用高速 AD 和 DA；PPM 利用积分器和滤波器，属于模拟调制。在信号反应速度上，PPM 快于 PCM，PPM 和 PCM 都是信号编码方式，可内建多路信号。PWM 是脉冲宽度调制，也就是单通道的。注意，发射机模式与接收机模式要一致才能对频。

在无人机遥控操作时，传输的信息主要包括油门、偏航、偏移与俯仰等，可选信息包括对云台等信息的控制等。由于 PWM 编码无法传输多路信号，因此无法应用在无人机的无线传输中。PPM 编码容易出现信号失真现象。目前，在无人机的无线通信中，主流编码方式是采用 PCM 波形编码。

随着用户对视频信息传输的需求不断增加，不少无线通信设备商家将图传与控制传输做到一套无线传输系统内，采用不同的通信编码方式，有效地提高了图传距离，拓展了无人机的信号远程感知能力。

4.3.3 无人机遥控指令加密

遥控信息的安全传输问题是无人机遥控系统设计和任务实施过程中最重要的问题之一。日益发展的电子侦察和电子对抗技术，使第三方可以通过技术手段截获己方所发送的遥控指令，分析和窃取遥控信息的内容，从而伪造遥控信息，对无人机的安全操作构成严重威胁。

随着现代通信技术和密码技术的发展，通常采取指令加密的方式，使遥控指令获得更高的安全性和可靠性。

(1) 无人机遥控的基本概念

无人机的遥控操作通常是指在地面控制站将飞行控制命令、任务控制命令等控制命令变换成指令，通过无线电上行信道，将指令发送给无人机的相关机载遥控遥测设备。机载遥控遥测设备经过一系列变换及指令解码，得到开关指令或连续指令信号。这些信号被送到无人机的飞控板或任务执行机构，控制无人机的飞行或者控制任务设备做相应动作。

① 遥控指令的构成。遥控指令主要用于实现对无人机的控制，其构成直接取决于无人机飞行原理和控制方式。根据功能划分，遥控帧可分为实时开关命令帧和串行注入数据帧。在每帧中需要设定方式字，以便对帧的内容进行判定。遥控指令通常每隔 100ms 发送一帧，每帧 32B，包括数据头定义、飞控指令、导航数据和校验字等。

上行遥控信道开启一次为一个遥控工作期。在每个遥控工作期的起始位置，有一个引导序列，使无人机的载波信号、副载波信号解调器进入稳定和同步状态。如果在一个遥控工作期内间歇发送若干个遥控帧或遥控帧序列，则需要在间歇期间用空闲序列填充，以维持必要的时间同步。

② 遥控指令的特点。遥控指令的数据量很小，通常 12.8kbit/s 的传输速率就可满足要求，其具有以下特点。

a. 实时性好。地面控制站通过遥控指令直接控制无人机的飞行姿态，所以指令延迟不允许太长。

b. 可靠性高。无人机的飞行控制主要依靠遥控指令，对指令产生、发送、传输和接收的可靠性要求非常高。

c. 抗干扰性好。为了避免和减少由漏指令、误指令引起的无人机飞行事故，遥控指令要具有较强的抗干扰能力。

d. 保密性高。为了确保无人机的控制规律和飞行航迹不被截获，对遥控指令的保密性要求较高。

(2) 遥控指令的加密传输

在数据文件加密处理中最常用的方法有分组加密和序列加密。分组加密以块为单位对数据进行加解密，块的长度由算法设计人员设定，块最小长度由对密码强度的考虑来确定。序列加密时数据加解密的块长可以由用户自己确定，不要求最小块长，在极端情况下，可以逐位加密。

通常，由嵌入通信链路中的加解密单元完成对遥控指令的加解密操作，能够避免保密单元处理大量与通信相关的内容，提高信息处理的速率，确保遥控指令及时、可靠地传输。

① 密钥的产生、传送和储存。密钥单元存储的是完成本次飞行任务所需的加密密钥。第一个加密密钥由基本密钥与会话密钥作用产生。每个加密密钥由上一个加密密钥变换产生，此种做法可以避免保密单元存储大量的加解密密钥。

通常，基本密钥由地面站与机载共同拥有。加密单元的基本密钥由密钥 IC 卡注入 Flash 存储模块中，解密单元的基本密钥由地面站辅助注钥设备注入机载 Flash 存储模块中。基本密钥由两部分组成，其中一部分用于对密钥变换单元存储的密码算法进行解密，另一部分则与会话密钥作用产生加密密钥。会话密钥是一组真随机序列，可以通过基于电阻热噪声的真随机序列产生器提取。加密单元每次上电重新启动后，真随机序列产生器都会得到一组不同的真随机序列，经提取后得到此次通信的会话密钥，地面站将会话密钥发至解密单元相应存储模块后，机载解密单元将与基本密钥作用，生成与地面站完全相同的初始密钥。这时，密钥变换器按照同样的时钟开始工作，保证加密密钥与解密密钥的一致。

② 加密解密流程。为了保障加密数据传输的可靠性，在遥控指令序列的同步头，通常选择自相关特性好，并且在密文数字序列中出现概率较小的码型，这样有利于在接收端进行同步检测，并防止在信息流中频繁出现与同步头相同的码型，造成接收端的虚假同步。

同时，在遥控信号传输过程中，还要防止信道误码对同步头干扰造成漏同步的情况发生。必须对同步头的传输采用容错技术或前向纠错技术的处理，以确保接收端能够正确判别出同步头信号。

无人机通信过程涉及两个环境：地面站相对安全的环境和飞行区域安全威胁较大的环境。通常，无线通信终端设备需要在地面站内完成保密单元初始化。在开始保密通信前，无人机与地面站之间进行相互认证，由地面站发起。

起始帧用于表示保密通信的开始，机载解密单元无论何时接收到该帧，都要进行解密单元的重新初始化，并将该帧回传至地面站，以通知地面站机载设备已准备就绪。

认证握手帧，主要用于数据交互前的相互认证，同样以互发认证帧的形式实现数据认证。

在加密单元工作流程中，当机载单元通过遥测信道回传地面站正确应答后，密钥变换单元在加密算法的作用下，生成下一帧的加密密钥。最后由控制单元完成对遥控帧的组合。

在解密单元工作流程中，首先进行同步头的搜索，然后将密钥单元中储存的解密密钥输出到解密运算器缓存和密钥变换单元，解密运算器提取缓存数据完成解密。密钥变换单元在解密遥控帧的时间内，完成对下一次通信解密密钥的生成并将其储存于密钥单元。

③ 密码同步。密码同步技术是在基于序列密码加密的数字通信系统中非常重要的技术，目的是在通信过程中，保证通信双方加解密的起点严格一致。

通常，密码同步是在保密设备首先建立位同步的情况下进行的。位同步可以由信源终端或信道设备直接提供的时钟信息来实现，也可以通过从信源终端或信道传输设备提供的数字流中提取时钟信息来实现。

当传输系统实现了正确的帧同步时，密码同步也同时实现。在数据流存在由噪声或干扰引起的误码情况下，通过某些抗误码算法正确地找到并保持每一帧的开始位置，这就是锁定帧同步过程。只有正确锁定帧同步后，才可以在每一帧中正确地分析帧的结构。锁定帧同步包括搜索阶段和验证阶段。当找到帧同步码后，验证是否在连续若干帧中周期性地出现同步码。当连续多帧都未发现帧同步码时，停止处理数据，重新进入搜索阶段，从而有效防止对虚假遥控指令的处理。

总之，经过对遥控指令的加密传输，可以减少无线通信系统的非法入侵，确保无人机的飞行安全。

本章小结

本章介绍了无人机的航电系统，包括导航系统、飞控系统、地面站设置以及无线通信链路系统。在导航系统部分，介绍了惯性导航、卫星定位导航和无线电导航技术。在飞控系统部分，分别介绍了常见的飞控系统、飞控系统的基本调试、开源飞控的使用等。在地面站设置部分，介绍了地面站的软件安装、基本硬件校准和参数设置等。最后，介绍了无线通信链路系统，包括常用的无线频段划分、遥控指令的加密与传输等。本章的内容，对读者开展无人机的检测与维护工作具有较强的理论支撑作用。

课后习题

1. 填空题

（1）无人机的组合导航算法中，通常采用回路反馈法和（　　　）。

（2）惯性导航传感器一般包括加速度计、（　　　）、磁力计。

（3）国际上普遍采用的卫星导航系统包括"北斗"、（　　　）、"伽利略"、GLONASS 等四类。

（4）按照定位方式，GPS 定位可以分为（　　　）和差分定位。

（5）在无人机差分定位的硬件组成中，包括基站、（　　　）、无人机移动接收端。

（6）通信链路用于完成地面控制站对无人机的远距离遥控、（　　　）和任务信息传输。

（7）无人机通信链路的机载部分包括机载数据终端和（　　　）。

（8）无人机通信过程中，常用的信号编码方式包括 PCM 编码、（　　　）、PWM 编码。

2. 判断题（对的在括号里打"√"，错的打"×"）

（1）加速度计是一种惯性传感器，能够测量无人机在 X、Y、Z 三轴方向所承受的加速度，通常也可以配合陀螺仪一同测量无人机的三轴姿态。（　　　）

（2）GPS 模块是无人机导航定位的重要模块。当连接的卫星数量大于或等于 4 颗时，就可以产生定位信息了。（　　　）

（3）GPS 接收模块在使用的时候，应尽量在无遮挡区域。（　　　）

（4）通过差分定位，无人机通常能够获得精度更高的定位数据。（　　　）

（5）在使用飞控前，通常需要安装飞控系统的调参软件和驱动程序。（　　　）

（6）在电调的校准前，需要对无人机进行物理断电。（　　　）

（7）当无人机的飞行模式设置为定高模式时，需要 GPS 定位模块参与。（　　　）

3. 简答题

（1）简要介绍无人机起飞前的安全检查所包含的内容。

（2）简述无人机遥控指令加密的意义。

（3）室内遮挡对超宽带定位的影响主要包括哪些情形？

（4）简述无人机起飞前的常见故障及其处理方法。

第 **5** 章

无人机常规载荷系统

课程导读

5.1 无人机图像传输

(1) 无线图传介绍

无线图像传输系统，简称无线图传，是用于无线图像传输和视频实时传输的设备。无人机图像传输系统作用是将天空中处于飞行状态的无人机所拍摄的画面数据实时、稳定地发送给地面无线图传遥控接收设备。图像传输系统的实时性、稳定性是关键指标。

无线图像传输系统主要由图像采集端、发射端、接收端和显示端组成，如图 5.1 所示。

① 图像采集端。图像采集端，是指在无人机端用来采集图像的设备，如摄像头、运动相机和单反相机等，如图 5.2 所示。

② 图传发射端。图传发射端，是指无线图像传输系统的发射设备，包括发射器和天线。通常，图传发射端安装在无人机飞行平台上，随无人机飞行，配合摄像头或相机使用。常见的图传发射机如图 5.3 所示。

图传发射端的选配原则：

a. 图传类型选择。图像传输系统分为模拟图传和数字图传。通常，模拟图传的延迟小。但是画质清晰度一般。数字图传的画面清晰度高，但是画面延迟较大。对于图传发射机，需要根据用户的需求进行适当选择。

b. 频段选择。发射器的频段选择非常重要。目前 5.8GHz 频段是国家开放的业余无线电频段，在该频段的信号干扰相对较少。因此，大部分图传设备都采用了该频段。

c. 频率的选定。同频段的图传在使用过程中很容易受到干扰，甚至出现串频现象，即

图 5.1　无线图像传输系统

(a) 摄像头　　　　　　　(b) 运动相机　　　　　　(c) 单反相机

图 5.2　图像采集端

图 5.3　常见图传发射机

显示了别的无人机拍摄的画面。因此，为了避免频率互相干扰，通常发射机都有多种频率可供选择。常用的发射机有 32 个频道或 40 个频道甚至更多。表 5.1 是常见的频道对应表。

表 5.1　常用发射机频道　　　　　　　　　　　单位：MHz

FR	CH							
	CH1	CH2	CH3	CH4	CH5	CH6	CH7	CH8
FR1(A)	5865	5845	5825	5805	5785	5765	5745	5725
FR2(B)	5733	5752	5771	5790	5809	5828	5847	5866
FR3(E)	5705	5685	5665	5645	5885	5905	5925	5945
FR4(F)	5740	5760	5780	5800	5820	5840	5860	5880

在表 5.1 中，CH 表示频道，FR 表示频率数值。在选择发射机的频道时，可以参考该表选择合适的频道，减少多架无人机同时作业时可能出现的串频问题。

d. 功率大小选择。无人机的图传距离是无人机操作者关注的重要指标。图传距离与发射机的功率密切相关。无线图传的发射端的功率从几十毫瓦到几百毫瓦。功率大的发射机，甚至能达到瓦级别。在实际应用中，有些发射机为满足更多要求，采用功率可调的形式。

通常，功率越大，图像传输距离越远，信号越稳定，但同时发热量更大，耗电量也更大。小功率的发射机发热少，使用导热金属片散热，甚至无散热。大功率发射机通常使用导热金属加散热风扇散热。

③ 图像接收端。图像接收端，是指无线图像传输系统在地面的接收器，包括接收机和天线两部分。通常，图传接收机直接和显示器连接，如图 5.4 所示。

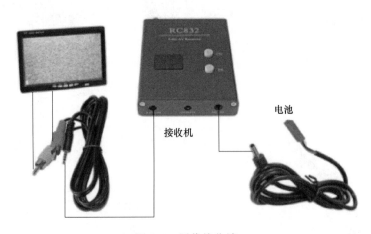

电池

接收机

图 5.4　图像接收端

接收机选用原则：

a. 接收端和发射端如果不是成套购买的，需要根据发射要求类型购买，如模拟发射机需要搭配模拟接收机。

b. 接收机通常都带有多个频率可以搜索，常用的接收机有 8 个频道。传输信号类型相同的情况下，只要频率一样就可以接收到图像信号，如表 5.2 所示。

表 5.2　图传接收机常用的频点

频道序号		CH1	CH2	CH3	CH4	CH5	CH6	CH7	CH8
接收频率/MHz		5705	5685	5665	5645	5885	5905	5925	5945
引脚电平	CH1	0	1	0	1	0	1	0	1
	CH2	0	0	1	1	0	0	1	1
	CH3	0	0	0	0	1	1	1	1

随着技术的发展，有些图像显示屏集成了接收机模块，可以接收无线图像数据。此时，在无人机的图传中，无须再单独配置接收机。

④ 图像显示端。图像显示端，是指在地面的显示器，和接收机配套使用。图像显示端通常包括三脚架、显示屏和电池等。根据传输信号类型选择合适的显示屏类型，如模拟信号显示屏和数字信号显示屏。

选用原则：

a. 根据使用习惯选用 FPV 显示屏，或选用视频眼镜，如图 5.5 所示。

(a) FPV显示屏　　　　　　(b) 视频眼镜

图 5.5　视频显示器

b. 根据是否自带接收机，选择含或不含接收机的显示屏。如果选择带接收机的显示屏，还要选择接收机天线的类型。

c. 根据信号类型选择模拟信号显示屏（如雪花屏）或数字信号显示屏。

⑤ 天线

a. 全向天线。全向天线，是比较常用的一种形式，在无线电专业里常叫鞭状天线。虽然叫全向天线，其实还是有局限性的，其有一定的发射范围。

通常，全向天线的放置采用垂直放置和水平放置。垂直放置的全向天线，主要针对水平方向的目标。当垂直放置时，天线在水平方向上向周围散射，在 360°范围内都有均匀的场强分布。水平放置的全向天线，主要针对垂直方向上的目标，和窄范围内的水平目标。通常，可以用两根全向天线垂直安放，增强接收信号强度。全向天线如图 5.6 所示。

b. 蘑菇头天线。蘑菇头天线，其内部就是三叶草天线或四叶草天线，如图 5.7 所示。通常，三叶草天线用在发射机上，四叶草天线用在接收机上。

这种天线的特性和平板状天线的特性刚好是相反的。如果它原来应该是直的，则它的特性就和棒子天线一样，但是它被掰弯了，掰的每个方向对于它来说都是一样的，不存在信号的指向性。

图 5.6　全向天线

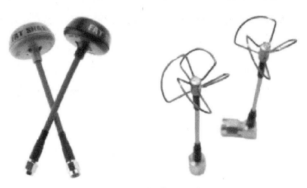

图 5.7　蘑菇头天线

　　c. 八木天线。八木天线，是一种定向传输天线。八木天线在垂直安装时，上下的场强分布与全向天线差不多，在水平方向上的场强分布与引向器的多少有关。引向器越多，夹角越小，方向性越强，夹角内的场强越高。八木天线的主要特点是在有效范围内场强分布均匀，方向性好，抗干扰能力强。八木天线如图 5.8 所示。

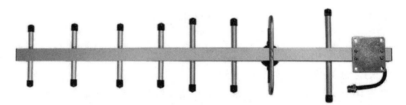

图 5.8　八木天线

　　d. 抛物面天线。抛物面天线是一种定向微波天线，由抛物面反射器和辐射器组成。辐射器装在抛物面反射器的焦点或焦轴上。辐射器发出的电磁波经过抛物面的反射，形成方向性很强的波束，如图 5.9 所示。

图 5.9　抛物面天线

抛物面天线的效率是最高的，方向性也是最强的。最常见的是用在固定点对点的微波通信。如果用于无人机上的通信，必须装在高精度跟踪云台上才可以使用。此外，抛物面天线对天线的组装精度要求也很高。

e. 平板状天线。平板状天线，其特性和八木天线基本相同。通常，性能好的平板天线结构较复杂，但体积小、重量轻、安装简单，是野外 FPV 的首选天线，拥有较强的定向性，需配合跟踪云台使用，如图 5.10 所示。

图 5.10　平板状天线

（2）无线图传的组装

无线图传的组装，通常包括硬件组装和线路连接两大部分。

① 硬件的组装。

a. 摄像头的安装：穿越机一般安装在前方或上方，注意做好保护措施，保护摄像头。其他类型的无人机，摄像头通常直接安装在光电吊舱中。光电吊舱安装在无人机腹下方，方向与机头保持一致。

b. 图传发射机安装：通常用双面海绵胶粘在机架内部，将天线引出至外部。

② 图传的物理线路连接。根据无人机的载荷安装布局，将电线裁剪好长度并制作好接头。例如，摄像头和图传发射机的电压一致时，可以并用电源。图传设备和摄像头品牌多种多样，但接线原理基本一致，根据电路图将线路接好即可。图 5.11 是某款图传载荷的物理连线图。

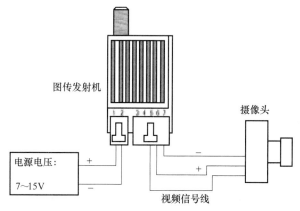

图 5.11　图传载荷的物理连线

(3) 图传安装和使用注意事项

① 确认图传电压和摄像头电压分别是多少伏，如果都在同样的范围，则可以共用电源；如果图传电压是 12V，摄像头电压是 5V，此时要注意单独给摄像头供 5V 电源，可考虑从分电板接电。

② 注意发射机的最佳安装位置，避免产生干扰。对于多旋翼无人机要注意尽量让图传、GPS、遥控接收机三者分开装，图传天线尽量靠近机身尾部。

③ 如果图传发射机是双天线的，尽量让两天线垂直，扩大发射方向。

④ 穿越机上的图传模块要注意保护好，尽量安装在机身内部，避免损坏。

⑤ 图传的线为插头连接时，要注意插头是否有松动现象。如果插头出现松动，要采取紧固措施，如打热熔胶等。

5.2 无人机云台

无人机云台是无人机用于安装、固定摄像机等任务载荷的支撑设备。常见的无人机云台如图 5.12 所示。

图 5.12　常见的无人机云台

无人机的云台控制系统主要是以单片机作为控制系统的主控芯片，结合各种传感器和执行机构而开发的云台专用的控制系统。云台控制系统的控制功能主要包括以下两个方面：一是实现云台的自稳功能，也就是稳像功能；二是控制云台在空间方位的转动。若控制对象有可控部分，如相机的拍照和光圈的调节等，控制系统还应该对其有相应的控制功能。

通常，无人机的云台是两个交流电机组成的安装平台，可以水平和垂直地运动。无人机的云台与照相器材中的云台有一定区别。通常，照相器材中的云台是一个三脚架，通过手来调节方位。无人机的云台是操纵者通过控制系统，在远程控制云台的转动及移动的方向。其中，云台的转动速度是衡量云台档次高低的重要指标。由于云台水平和垂直方向是由两个不同的电机驱动的，因此云台的转动速度也分为水平转速和垂直转速。由于考虑载重的原因，垂直电机在启动和运行保持时的转矩通常会大于水平方向的转矩。在实际飞行过程中，无人机的云台对水平转速的要求要高于垂直转速，因此通常要求云台的垂直转速低于水平转速。

(1) 云台结构

由于无人机功能和用途的不同，各种不同的传感器或相机会被搭载在无人机云台上，因此无人机云台也根据需要被设计成不同的结构。受无人机载荷能力的限制，通常要求在保证云台正常工作的前提下，减小云台结构的重量、体积，增加云台的载荷能力。

无人机的云台，除了能够搭载摄影载荷外，还可以搭载高清 TV、FLIR 热成像仪和激光测距仪等。一些云台的运动范围很广，航向角和俯仰角较大，能够以 $360°$ 运动，同时云台的回转速度也较高。

无人机云台自身结构的稳定性是云台性能的重要指标。云台结构的稳定性直接影响着云台的稳像效果。合理稳定的云台结构对于提高无人机作业性能有着很大的作用。采用一些特殊结构或者材料进行隔离振动，可以有效解决由无人机的振动和气流的扰动等因素带来的影响。

(2) 云台任务载荷

无人机自身不具有很大的使用意义，通过搭载不同的任务载荷才能实现价值。任务载荷基本可以分为侦察型和打击型。侦察型任务载荷一般包括光学相机、红外传感器、激光雷达和合成孔径雷达等。打击型任务载荷一般包括火力装备、激光武器、防御干扰弹等。由于无人机的广泛应用，利用云台进行的任务载荷研究也是层出不穷。对于无人机云台任务载荷，其主要研究内容是如何通过云台将任务载荷更好地搭载到无人机上，使得无人机更加小型化、轻型化和模块化。例如，为了降低无人机的负载，麻省理工学院开发了质量不到 1g 的硅 CCD 传感器。

5.3　其他载荷

为了快速升空执行任务，无人机通常需要搭载相关的任务载荷。任务载荷一般与侦察、投射、通信、遥感或货物运输有关。通常，无人机是围绕它的任务载荷而进行设计的。一些无人机只能携带一至两个载荷，而有些无人机可携带多种任务载荷。任务载荷的大小和重量是无人机设计时最重要的考虑因素。为了便于携带，部分小型无人机制造商采用了可快速拆卸和替换的任务载荷。

对于侦察任务和遥感任务，传感器载荷可采用许多不同形式，包括光电摄像机、红外摄像机、合成口径雷达、激光测距仪等。光学传感器组件，通常可永久安装在无人机上，以便传感器操作员获得固定的视角；也可安装在万向节或转塔上。万向节或转塔安装系统，使传感器能够在预定范围内绕两个轴转动。万向节或转塔可通过飞控系统，也可以通过独立的接收机直接接收遥控器的信号。有些万向节还装有振动隔离装置。

在载荷安装中，需要考虑无人机振动引起的噪声影响。通常，振动隔离方法有两种，一种是采用弹性/橡胶安装座，另一种是采用电子陀螺仪稳定系统。

(1) 光电摄像机载荷

光电摄像机是无人机的常用载荷。通常，光电摄像机通过电子设备的转动、变焦和聚焦来成像，工作在可见光谱波段，所生成的图像形式包括运动视频或静止图片。常见的光电摄像机载荷如图 5.13 所示。

图 5.13　光电摄像机载荷

大多数小型无人机光电摄像机采用的是从窄视场到中视场的可见光镜头。大型无人机的摄像机还可使用宽视场或超宽视场传感器。光电传感器可执行多种任务，与其他不同类型的传感器结合使用，以生成合成图像。在无人机的应用中，光电摄像机大多在昼间使用，以便最大可能地提高视频质量。

(2) 红外摄像机载荷

红外摄像机，是在红外电磁频谱范围内工作的。红外传感器也称为前视红外传感器，利用红外或热辐射成像。红外摄像机载荷如图 5.14 所示。

图 5.14　红外摄像机载荷

无人机采用的红外摄像机分为两类，即冷却式和非冷却式。现代冷却式红外摄像机由低温制冷器制冷，可降低传感器温度到低温区域。这种系统可利用热对比度较高的中波红外波段工作。冷却式红外摄像机的探头通常装在真空密封盒内，需要额外功率进行冷却。冷却式红外摄像机生成图像质量比非冷却式红外摄像机的质量要高。

非冷却式红外摄像机传感器的工作温度与工作环境温度持平或略低于环境温度。当受到探测到的红外辐射加热时，摄像机通过所产生的电阻、电压或电流的变化工作。非冷却式红外摄像机传感器的设计工作波段为长波红外波段。在此波段上，地面温度目标辐射的红外能量最大。

（3）激光测距仪

激光测距仪是利用激光束照射到目标，获得目标的距离。常见的激光测距仪如图 5.15 所示。

图 5.15 常见的激光测距仪

激光指示器发射不可视编码脉冲，脉冲从目标反射回来后，由接收机接收。然而，利用激光指示器照射目标的这种方法存在一定的缺点。如果遇到下雨、有云、尘土或烟雾等环境，则会降低激光测距的精确度。此外，激光还可能被特殊涂层吸收，或不能正确反射，或根本无法发射。

5.4 载荷挂载原则

无人机上需要安装有效载荷来执行任务，有效载荷没有统一的标准和规范，需要根据平台的实际情况进行个性化设计。无人机的载荷挂载需遵守以下原则。

① 安全性。要考虑露出机身的载荷对平台的气动影响，载荷的重量、重心应符合平台的要求，不影响平台的飞行安全。

② 兼容性。载荷和平台上其他电子设备在工作时能相互兼容，能承受相互间的电磁辐射和干扰。

③ 环境适应性。载荷应满足无人机起降和正常飞行时的机械振动冲击、气候环境等方面要求。

本章小结

本章介绍了无人机的常规载荷，阐述了无线图像传输系统的组成和选配原则，分析了无人机云台的结构和工作特性，介绍了常见的光电载荷、红外载荷、激光测距载荷等载荷的用途，总结了无人机载荷挂载的基本原则。

 **课后习题**

1. 填空题

（1）无人机图传的实时性、（   ）是关键指标。

（2）无线图传主要由图像采集端、（　　）、接收端和显示端组成。

（3）图像传输系统分为（　　）和数字图传。

（4）抛物面天线是一种定向微波天线，由抛物面反射器和（　　）组成。

2. 判断题（对的在括号里打"√"，错的打"×"）

（1）通常，功率越大，图像传输距离越远，信号越稳定，但同时发热量更大，耗电量也更大。（　　）

（2）垂直放置的全向天线，主要针对水平方向的目标。水平放置的全向天线，主要针对垂直方向的目标。（　　）

（3）八木天线是一种定向传输天线。（　　）

（4）无人机云台自身结构的稳定性是云台性能的重要指标。（　　）

（5）5.8GHz频段是国家开放的业余无线电频段，在该频段的信号干扰相对较少，因此大部分图传设备都采用了该频段。（　　）

（6）如果图传发射机是双天线的，通常应尽量使两个天线相互垂直放置，扩大发射方向。（　　）

3. 简答题

（1）请分别阐述无线图传发射机和接收机的选配原则。

（2）简述无人机的载荷挂载的基本原则。

（3）无人机云台控制系统主要包括哪些控制功能？

课后习题答案

第1章 飞行原理

1. 填空题

（1）温度。

（2）动压强。

（3）前视形状。

（4）压差阻力。

（5）横向平衡。

（6）方向安定性。

（7）俯仰操纵性。

（8）双凸型。

2. 判断题

（1）（√）

答案分析：空气的密度可以随体积变化而变化的特性是空气的可压缩性。

（2）（√）

答案分析：当不考虑气体密度的变化时，气流速度的大小与流管的横截面积成反比，即截面积小的地方流速快，而截面积大的地方流速慢。

（3）（√）

答案分析：无人机飞行时，如果迎角超过临界迎角，升力便会突然减小，无人机就有下坠的危险，这种情况被称为"失速"。

（4）（√）

答案分析：无人机做等速直线飞行时，不围绕横轴转动的飞行状态称为纵向平衡。当无人机达到纵向平衡时，其上仰力矩必须等于下俯力矩。

（5）（√）

答案分析：当无人机在空中飞行时，其升力主要由作用在无人机机翼上的空气动力产生，而机翼上的空气动力的大小和方向，又主要决定于机翼的翼型和几何特性。

3. 简答题

（1）流动中的气体，如果各气体层的流速不相等，在相邻的两个气体层之间的接触面上，就会形成一对等值而方向相反的内摩擦阻力，阻碍两气体层做相对运动。气体的这种性质叫黏滞性或简称为黏性。空气也具有上述气体的黏性。对于气体来说，其黏性系数是很小的，所产生的黏性力也是很小的。

（2）单位时间内流过横截面 A 的气体质量应等于同一时间内流过横截面 B 的气体质量（假定气流在管道的管壁处没有流进或流出）。当不考虑气体密度的变化时，气流速度的大小与流管的横截面积成反比，即截面积小的地方流速快，而截面积大的地方流速慢。

（3）机翼横切面的外形被称为机翼的翼型。用于确定翼型的主要几何参数有：弦长、相对厚度、最大厚度位置和相对弯度等。

（4）有水平尾翼（平尾）的无人机的俯仰安定性是通过水平尾翼实现的。当无人机因扰动而抬头时，平尾的迎角随之增大，因而就产生了向上的升力，使无人机产生一个低头力矩，从而阻止无人机的抬头。当无人机恢复到原飞行状态后，平尾的迎角又等于零，其低头力矩也随之消失。反之，当无人机因扰动而低头时，平尾就会产生一个使无人机抬头的力矩，从而使无人机达到恢复原飞行状态的目的。

第 2 章 无人机结构

1. 填空题

（1）机翼。

（2）上单翼。

（3）下反翼。

（4）前缘襟翼。

（5）垂直尾翼。

（6）滚转运动。

（7）主旋翼；操纵系统。

（8）俯仰运动。

2. 判断题

（1）（√）

答案分析：参见书中后掠角和前掠角的定义。

（2）（√）

答案分析：参见副翼定义。

（3）（√）

答案分析：水平尾翼可以保持无人机在飞行时的俯仰稳定，水平尾翼上的升降舵用来控制无人机的升降。

（4）（√）

答案分析：参见十型飞行姿态。

3. 简答题

（1）尾翼包括水平尾翼和垂直尾翼两部分。水平尾翼可以保持无人机在飞行时的俯仰稳定。水平尾翼上的升降舵用来控制无人机的升降。

（2）前三点式起落架，前轮在机头下面远离无人机重心处，可避免无人机刹车时出现"拿大顶"的危险。前三点式起落架的优点是：着陆简单，安全可靠；具有良好的方向稳定性，地面滑行时，操纵转弯较灵活；无倒立危险，因而允许强烈制动，可以减小着陆后的滑跑距离；向下的视界较好，对跑道的影响较小。前三点式起落架的缺点是：前起落架的位置安排较困难，机身前部剩余的空间很小；前起落架承受的载荷大、尺寸大、构造复杂，因而重量大；着陆滑跑时处于小迎角状态，在不平坦的跑道上滑行时，前轮会产生摆振现象。

后三点式起落架的结构简单，适用于低速无人机。后三点式起落架的优点是：在无人机上易于装置尾轮，且尾轮结构简单，尺寸、质量都较小；正常着陆时，三个机轮同时触地，地面滑跑时具有较大的迎角，可以减小着陆滑跑距离。后三点式起落架的缺点是：在大速度滑跑时，遇到前方撞击或强烈制动，容易发生倒立现象（俗称"拿大顶"）；如果着陆时的实际速度大于规定值，则容易发生"跳跃"现象；在起飞、降落滑跑时是不稳定的；在停机与起、落滑跑时，前机身仰起，因而向下的视界不佳。

（3）多旋翼无人机的优点包括：从操纵层面来看，由于多旋翼无人机不需要借助机翼来获得升力，因此不用考虑它的气动外形设计，借助于电路的集成化、小型化，可以将其做得非常小；多旋翼无人机还可以很容易地产生同一方向的气流推送，因此其具备优秀的垂直起飞和着陆能力（VOTL能力）与定点悬停的能力；对称的动力布局又使其操控简单直接，姿态调整时只需要成对改变动力单元输出功率，就可以提供非常直接的姿态力矩。

多旋翼无人机的缺点包括：启动效率较低；在机动性方面，直升机的机动速度与飞行包络都明显优于多旋翼无人机；当多旋翼无人机大型化后，也就意味着需要更大的升力，螺旋桨的尺寸和数量也需要相应地增加，自身能量消耗也就越快。

第3章 无人机动力系统

1. 填空题
（1）定子。
（2）机械能。
（3）交流电动机。
（4）电调。
（5）光电式。
（6）气冷式。
（7）燃油系统。
2. 判断题
（1）（√）
答案分析：参见KV值定义。
（2）（√）
答案分析：每个电机都有自己的功率上限，最大功率就是这个上限，如果工作时超过了这个最大功率，就会导致电机高温烧毁。

（3）（√）

答案分析：参见活塞式航空发动机的性能指标。

（4）（√）

答案分析：喷气式航空发动机，是指靠喷管高速喷出的气流直接产生反作用推力的发动机。它广泛用作飞行器的动力装置。燃料和氧化剂在燃烧室内发生化学反应而释放热能。然后，热能在喷管中转化为调整气流的动能。

（5）（√）

答案分析：在相同功率下，电压越高则电流越小；在相同功率下，电压越高则热量越小。同一个无人机，使用的电压越高，电流越小并且发热越少，效率越高。

3. 简答题

（1）有刷电机具有低速扭力性能优异、转矩大等性能特点。然而，有刷电机具有如下缺点：摩擦大，损耗大；发热多，寿命短；效率低，输出功率小。有刷电机发热问题，很大程度是因为电流做功在电机内部电阻上了，电能有很大程度转化为了热能，所以有刷电机的输出功率不大，效率也不高。无刷电机具有高效率、低能耗、低噪声、超长寿命、高可靠性、可伺服控制、无级变频调速等优点。然而，无刷电机通常比有刷电机价格贵、不好维护，它广泛应用于航模、高速车模和船模。从无刷电机的使用方便性来看，随着无刷控制器成本的下降和国内外无刷技术的发展与市场竞争，无刷动力系统正处于高速的发展与普及阶段。

（2）直流无刷电机由电动机主体和驱动器组成，是一种典型的机电一体化产品，并在多个领域中都得到广泛的应用。用户在使用直流无刷电机时需要注意以下几点：在拆卸前，要用压缩空气吹净电机表面灰尘，并将表面污垢擦拭干净；选择电机解体的工作地点，清理现场环境；熟悉电机结构特点和检修技术要求；准备好解体所需工具（包括专用工具）和设备；为了进一步了解电机运行中的缺陷，有条件时可在拆卸前做一次检查试验，可将电机带上负载试转，详细检查电机各部分温度、声音、振动等情况。

（3）在四冲程燃油发动机中，活塞在气缸内要经过四个冲程，依次是进气冲程、压缩冲程、做功冲程和排气冲程。发动机除主要部件外，还须有若干辅助系统与之配合才能工作。

第4章 无人机航电系统

1. 填空题

（1）最优估计法。

（2）陀螺仪。

（3）GPS。

（4）单点定位。

（5）基站天线。

（6）遥测。

（7）天线。

（8）PPM 编码。

2. 判断题

（1）（√）

答案分析：参见加速度计定义。

（2）（√）

答案分析：GPS 模块是无人机导航定位的重要模块。GPS 卫星会实时广播它们的位置和时间信息，此时，地面的 GPS 接收机就会收到它们的信息，当连接的卫星数量大于或等于 4 颗时就可以产生定位信息了。

（3）（√）

答案分析：GPS 接收模块需要在开阔的空间中才能正常使用，当 GPS 接收模块进入桥梁和隧道时 GPS 信号就会丢失。所以，在使用 GPS 接收模块时应该尽量在无遮挡的区域。

（4）（√）

答案分析：参见差分定位的定位原理。

（5）（√）

答案分析：参见飞控系统调参内容。

（6）（√）

答案分析：在电调校准前，需要对无人机进行物理断电，启动安全检查。

（7）（×）

答案分析：定高模式不需要 GPS 定位支持，飞控系统会根据气压传感器的数据保持当前高度。当采用定高模式飞行时，因为没有 GPS 定位模块的参与，所以无人机会发生漂移。

3. 简答题

（1）由于无人机的桨叶在转动时具有一定的杀伤力，在无人机起飞前一定要确保周边一定距离内没有行人及遮挡物，远离禁飞区和限飞区。通常要求在飞行营地及其他拥有合法空域的空旷场地起飞。首次起飞的时候，最好使用稳定模式进行起飞，确定无人机飞行正常后，可以根据操作员的飞行任务要求，切换到其他飞行模式。稳定模式的油门控制模式为线性，所以控制油门的幅度要比较小。在稳定模式飞行一段时间后，飞行高度保持在一定安全高度的时候，可依次切换到定高、定点等其他功能模式。定高和定点模式的油门控制逻辑不同，油门中立位置有一个死区，用于保持高度，向上推杆时无人机上升，向下推杆时无人机下降。需要注意，在切换到其他飞行模式前，必须先了解该飞行模式的特性。

（2）遥控信息的安全传输问题是无人机遥控系统设计和任务实施过程中最重要的问题之一。日益发展的电子侦察和电子对抗技术，使第三方可以通过技术手段截获己方所发送的遥控指令，分析和窃取遥控信息的内容，从而伪造遥控信息，对无人机的安全操作构成严重威胁。随着现代通信技术和密码技术的发展，通常采取指令加密的方式，使遥控指令获得更高的安全性和可靠性。

（3）室内遮挡对超宽带定位的影响主要包括以下几种情形。

实体墙：一堵实体墙的遮挡将使得超宽带信号衰减 60%～70% 定位精度误差上升 30cm 左右；两堵或者两堵以上的实体墙遮挡，将使得超宽带无法定位。

钢板：钢板对脉冲超宽带信号吸收很严重，将使得超宽带无法定位。

玻璃：玻璃遮挡对超宽带定位精度没太大影响。

木板或纸板：一般厚度 10cm 左右的木板或纸板对超宽带定位精度影响较小。

（4）无人机起飞就翻的故障：机架框架选择不正确，在硬件设置"机架类型"中设置对应的类型；电调序号连接不正确，检查 ESC 连接并用电机测试检查；电机转向不正确，解锁检查或者使用地面站电机测试检查；螺旋桨方向不正确，螺旋桨按照一正一反顺序安装；加速计校准不正确，校准加速计；ESC 电调油门不同步，进行油门行程校准。

电机旋转无法起飞的故障：需要检查电机的动力是否充足，检查电机参数与螺旋桨尺寸和电池是否匹配。

解锁电机不转的故障：检查电调信号线是否连接正确；卸下螺旋桨，使用电机测试看是否能转动。

电机通电后没有反应的故障：检查是否进行油门行程校准。通常需要对电调进行油门行程校准。

控制无人机往前飞，实际往后飞，控制往左飞，实际往右飞的故障：遥控器的控制通道接反了，调整遥控器菜单对应通道进行反向设置，或地面站端修改对应遥控通道的参数值，修改完成后保存。

飞控未检测到遥控器信号的故障：检查信号线与飞控板是否连接正确，接收机是否连接上，接收机输出是否正确，连接的是否为 PPM（带 PPM 模块）或 S-Bus 协议的接收机。

数传连接不上的故障：检查数传线序连接是否正确，连接时波特率选择是否正确。

第 5 章 无人机常规载荷系统

1. 填空题

（1）稳定性。

（2）发射端。

（3）模拟图传。

（4）辐射器。

2. 判断题

（1）（√）

答案分析：功率越大，图像传输距离越远，信号越稳定，但同时发热量更大，耗电量也更大。小功率的发射机发热少，使用导热金属片散热，甚至无散热。大功率发射机通常使用导热金属加散热风扇散热。

（2）（√）

答案分析：全向天线的放置，一般采用垂直放置和水平放置。垂直放置的全向天线，主要针对水平方向的目标。当垂直放置时，天线在水平方向上向周围散射，在 360°范围内都有均匀的场强分布。水平放置的全向天线，主要针对垂直方向上的目标和窄范围内的水平目标。

（3）（√）